轻松掌握 3D 打印系列丛书

3D 打印建模·打印·上色实现与技巧
——ZBrush 篇

宋 闯 编著

机械工业出版社

本书共分为 6 章，具体内容有 3D 打印基础知识、3D 打印文件（三维模型数据文件）获取方式、ZBrush 建模软件实例讲解、FDM 3D 打印机操作流程实例、DLP 光固化 3D 打印机操作和模型后处理实例、FDM 3D 打印模型后期处理方法。本书配有光盘，包括模型文件及案例成品制作全过程。

　　本书适合 3D 打印爱好者使用。

图书在版编目（CIP）数据

3D 打印建模·打印·上色实现与技巧. ZBrush 篇/宋闯编著.
—北京：机械工业出版社，2019.3
　（轻松掌握 3D 打印系列丛书）
　ISBN 978-7-111-61725-9

Ⅰ．①3… Ⅱ．①宋… Ⅲ．①立体印刷—印刷术—基本知识 Ⅳ．①TS853

中国版本图书馆 CIP 数据核字（2019）第 001892 号

机械工业出版社（北京市百万庄大街 22 号　邮政编码 100037）
策划编辑：周国萍　　　　　　　　责任编辑：周国萍　张丹丹
责任校对：赵　燕　张　薇　　封面设计：鞠　杨
责任印制：常天培
北京铭成印刷有限公司印刷
2019 年 1 月第 1 版第 1 次印刷
169mm×239mm · 17.5 印张 · 333 千字
0 001—2 500 册
标准书号：ISBN 978-7-111-61725-9
　　　　　　ISBN 978-7-88709-985-3（光盘）
定价：79.00 元（含 1DVD）

3D 打印技术（增材制造）被誉为将引领"第三次工业革命"的关键技术之一，我国政府高度重视增材制造产业的发展，将其列入了《中国制造 2025》重点发展方向。作为加快制造业转变发展方式和提质增效升级的重要手段，《国家增材制造产业发展推进计划》（2015—2016 年）得以出台。

3D 打印不仅在高端制造中扮演着重要的角色，而且作为最前沿的科技、创造力最强的工具，可以将头脑中的创意天马行空地实现。3D 打印值得我们抓住全球的趋势和浪潮，去投入精力大力研究。

但不少 3D 打印爱好者缺乏实战的技巧，专业和全流程的 3D 打印培训、讲解书籍较少。因此在机械工业出版社的统筹安排下，我们希望通过出版有关 3D 打印基础知识、建模和打印上色的系列书籍，按 3D 打印的基本规律，以市面上两种主流 3D 打印机为例，循序渐进让大家掌握 3D 打印的各个环节，为 3D 打印创意和创业打下基础。

本书第 1 章为 3D 打印的基础知识，包括 3D 打印的定义特点、主流技术类型、材料知识和一些行业应用案例，并对 3D 打印和 VR、AI 结合进行展望，让读者对 3D 打印有基本的认识。

第 2 章是 3D 打印模型不同获取方式的介绍，让读者了解 3D 打印模型的多种来源，让不同行业、不同水平的读者开阔视野，可以根据自身情况进行学习。

第 3 章是艺术类 3D 打印软件 ZBrush 的建模过程精讲，ZBrush 软件对于 3D 打印建模来说是一件利器，让读者随心所欲地将头脑中的创意创作出来，然后通过 3D 打印机打印出实物。

本章中以医疗模型、创意角色模型、卡通模型、道具模型和机械零件模型五大方面的案例来进行详尽的建模讲解，让读者了解 3D 打印软件建模的详细流程和思路，在建模中掌握 3D 打印的特殊技巧，还可以举一反三，为自己灵活建模打下基础。适合医疗行业、艺术创作、道具制作、首饰设计和艺术专业师生等读者学习。

第 4 章为市面上常见的 FDM 原理 3D 打印机操作的相关知识，结合了作者从事 3D 打印的一些经验，包括 3D 打印模型文件知识、FDM 3D 打印常用材料、FDM 3D 打印切片软件界面和功能，并以 Smart Maker FDM 3D 打印机为例，讲解了 3D 模型打印的顺序和全部过程。按照书中的技巧，读者可以掌握 FDM 原理 3D 打印机操作的详细流程。

第 5 章以 Future Make DLP 3D 打印机为例，讲解了 DLP 光固化 3D 打印机的操作和光固化 3D 打印模型的后处理技巧，适合光固化 3D 打印机的操作人员和首饰、牙科等行业人士阅读学习。

第 6 章为 FDM 3D 打印模型拼接、打磨和上色等简便易行的方法和其他后期整理方法，适合对 FDM 3D 打印上色等后期修整感兴趣的读者，更适合一些模型爱好者和手工爱好者迅速掌握 FDM 3D 打印的后期整理技能。

　　附录部分：附录 A 收集了国内外部分 3D 打印模型下载网站，读者可以直接下载模型并进行打印；附录 B 收集了国内部分 3D 打印网站和相关论坛，读者可以了解 3D 打印行业相关知识；附录 C 收集了国内部分 3D 打印机厂家，读者可以选择合适的打印机进行学习和研究，如有需求，作者可以推荐一些性能优良的 3D 打印机供选择。

　　本书由大连木每三维打印有限公司宋闯编著，光盘中 ZBrush 软件建模、上色部分由大连木每三维打印有限公司设计师王沿懿制作。

　　本书配有光盘，光盘内容如下：

ZBrush 软件 3D 打印建模过程讲解视频（5 个模型和软件界面介绍，共约 4h）；

ZBrush 软件 3D 打印建模素材（5 个模型打印文件及工程文件、输出插件）；

DLP 3D 打印机的操作视频（15min）；

DLP 3D 打印机切片软件介绍视频（15min）；

FDM 3D 打印机操作视频（18min）；

FDM 3D 打印机切片软件介绍视频（21min）；

FDM 3D 打印模型上色等后期修整视频（18min）。

　　本书得以成书，首先感谢机械工业出版社的信任和编辑的指导，感谢大连市创业服务中心徐主任、任主任以及大连奥电创谷汇双创基地牟总、董总给予的 3D 打印场地支持，感谢朝阳睿新电子科技开发有限公司辛奎经理提供的 FDM Smart Maker 3D 打印机作为演示。

　　感谢南京百川行远激光科技股份有限公司提供的光固化 3D 打印机作为演示和讲解，百川行远是南京 321 战略计划高科技企业，依托中国科学院上海光学精密机械研究所的平台技术资源，依托百人计划科学家、博士后导师领衔的团队，围绕科技教育、精准医疗的 SLA、SLM 快速成型装备及耗材申请了近百项专利、著作权。而且百川激光推出了光固化 3D 创意笔、陶艺 3D 打印设备等耗材、课程和评估体系，因此，读者可以得到百川激光的光固化 3D 打印技术支持。

　　由于 3D 打印为新兴行业，属于机械、计算机图形设计、材料科学等多学科的综合学科，大连木每三维打印有限公司在实践中积累了一些经验，书中一些 3D 打印知识若有偏颇和疏漏，还望更多 3D 打印的从业者和有识之士给予指正。

大连木每三维打印有限公司　宋闯

目 录 CONTENTS

第1章 3D 打印基础知识

1.1 3D 打印的历史起源

　　3D 打印可以将计算机里的 3D 建模文件变成实物,打印过程无须干预而且精度远超手工制作,看起来相当吸引眼球,再加上媒体的渲染,迅速得到了大众的关注。但在过去的三十几年里,3D 打印技术的普及速度不是很快,近年来由于受到计算能力、新型设计软件、新材料、创新推动及互联网进步的推动,3D 打印技术发展迅速。

　　在 3D 打印界,称 3D 打印为"19 世纪的思想,20 世纪的技术,21 世纪的市场"。3D 打印技术的核心制造思想最早起源于 19 世纪末的美国,由于当时技术的限制,到 20 世纪 80 年代后期,3D 打印技术才发展成熟并被广泛应用。1860 年,法国人 Franois Willème 申请到多照相机实体雕塑(Photo Sculpture)的专利。1892 年,美国登记了一项采用层叠方法制作三维地图模型的专利技术。1979 年,日本东京大学生产技术研究所的中川威雄教授发明了叠层模型造型法。1980 年,日本小玉秀男又提出了光造型法。虽然日本科学界研究出 3D 打印的一些方法,但是此后 20 多年的时间里,把这些科学方法转化为实际用途的都是美国科技人员。

　　1986 年,Stratasys 公司创始人查尔斯·赫尔开发出第一台商业 3D 打印机(图 1-1),但在 1990 年以前几乎没有得到人们的重视。

　　1993 年,麻省理工学院获 3D 打印技术专利。1995 年,美国 ZCorp 公司得到麻省理工学院的唯一授权,着手开发 3D

图 1-1　查尔斯·赫尔和 3D 打印机

打印机,并于 2005 年成功研制出首个高清彩色 3D 打印机 Spectrum Z510。近年来,3D 打印技术进入高速发展期,各种惊爆眼球的 3D 打印产品相继出现,在人类的衣、食、住、用、行、娱乐等方面都得到了体现,如 2010 年 11 月,世界上第一辆由 3D 打印机打印而成的汽车 Urbee 问世,如图 1-2 所示。

图 1-2   3D 打印汽车 Urbee

2011 年 6 月 6 日，全球出现第一款 3D 打印比基尼；同年 7 月，英国研究人员开发出世界上第一台 3D 巧克力打印机；同年 8 月，南安普顿大学的工程师们首次尝试利用 3D 打印技术制造飞机并获得成功；2012 年 11 月，苏格兰科学家利用人体细胞成功打印出人造肝脏组织；2013 年 11 月，位于美国德克萨斯州奥斯汀的 3D 打印公司 Solid Concepts 设计制造出首支 3D 打印金属手枪；2017 年，美国军方成功测试 3D 打印榴弹发射器。

1.2 3D 打印定义及其原理

1.2.1 3D 打印机和普通打印机的区别

大多数人第一次听到 3D 打印时，就联想起那些老式的、常见的桌面打印机。对于打印机来说，人们知道喷墨打印机和激光打印机，其实按打印机组件来分析，包括 3D 打印机在内，都是由控制组件、机械组件、打印头、耗材和介质等架构组成的，打印原理相同，而 3D 打印机打印前在计算机上设计了一个完整的三维立体模型，然后再进行分层打印输出模型。

普通喷墨打印机和 3D 打印机最大的区别是维度问题，桌面打印机是二维打印的，在平面纸张上喷涂彩色墨水，而 3D 打印机可以制造拿在手上的三维物体。如图 1-3 所示，人们对普通打印机打印出立体模型的想象图。

图 1-3   普通打印机打印立体模型的想象图

2

普通打印机和 3D 打印机的差别就在于耗材不同，普通打印机的耗材是由传统的墨水和纸张组成的，而 3D 打印机主要是由工程塑料、树脂或石膏粉末甚至可食用的材料组成的。这些成型材料都是经过特殊处理的，但是不同技术与材料各自的成型速度和模型强度以及分辨率、模型可测试性、细节精度都有很大区别，用户按实际用途来选择。图 1-4 所示为打印食物材料的 3D 打印机。

图 1-4　打印食物材料的 3D 打印机

1.2.2　3D 打印、快速成型、快速制造和增材制造的联系

3D 打印被称为桌面制造（Desktop Fabrication），在业内拥有"快速原型制造""三维打印""实体自由制造""直接制造快速成型""快速成型技术"（Rapid Prototyping，RP）等不同称谓。目前我国传媒界习惯把 RP 叫作"3D 打印"或者"三维打印"，显得比较生动形象，但是实际上，"3D 打印"或者"三维打印"只是快速成型的一个分支，只能代表部分快速成型工艺。

RP 诞生于 20 世纪 80 年代后期，是基于材料堆积法的一种新型技术，被认为是近 20 年来制造领域的一个重大成果。它集机械工程、CAD、逆向工程技术、分层制造技术、数控技术、材料科学和激光技术于一身，可以自动、直接、快速、精确地将设计思想转变为具有一定功能的原型或直接制造零件，从而为零件原型制作、新设计思想的校验等方面提供了一种高效低成本的实现手段。

快速制造（Rapid Manufacturing，RM）有狭义和广义之分，狭义上是基于激光粉末烧结 RP 的全新制造理念，实际上属于 RP 的一个分支，它是指从电子数据直接自动地进行快速的、柔性并具有较低成本的制造方式。RM 与一般的 RP 相比，在于可以直接生产最终产品，能够适应从单件产品制造到批量的个性化产品制造；而广义上，RM 包括"快速模具"技术和数控加工技术，因此可以与 RP 互相配合。

国际上喜欢用"Additive Manufacturing"（AM）来包括 RP 和 RM 技术，

我国翻译为增量制造、增材制造或添加制造。2009 年美国 ASTM 成立了 F42 委员会，将 AM 定义为："Process of Joining Materials to Make Objects From 3D Model Data, Usually Layer Upon Layer, as Opposed to Subtractive Manufacturing Methodologies"，即一种与传统的材料去除加工方法截然相反的，通过增加材料、基于三维 CAD 模型数据，通常采用逐层制造方式，直接制造与相应数学模型完全一致的三维物理实体模型的制造方法，如图 1-5 所示。

因此，3D 打印可以定义为：基于数字模型的 RP 中的一种，它的关键词是薄层堆叠，让塑料、金属甚至生物组织活性细胞等不同的材料，通过激光束、热熔喷嘴等不同原理的 3D 打印设备烧结或者粘合在一起，一层层地成型和堆叠，最终使数字模型变成三维的实物。虽然听起来高大上，但 3D 打印的基本原理就是一个能在 XY 轴平面上移动的喷头，精确控制原料的位置，打完一层后，平台下移后再打下一层，直至打印出整个成品，如图 1-6 所示。

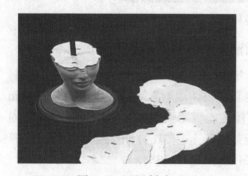

图 1-5　逐层制造

图 1-6　从计算机中的设计图到打印成品

1.3　3D 打印的技术优势

3D 打印的技术名称是"增材制造"，这是对实际打印过程比较贴切的描述。从更广义的角度讲，以设计数据为基础，将材料自动地累加起来成为实体结构的制造方法，都可视为增材制造技术。3D 打印的技术优势如下：

1. 省材料

"增材制造"的理念区别于传统的"去除型"制造，传统数控制造一般是在原材料基础上，使用切割、磨削、腐蚀和熔融等办法，去除多余部分得到零部件，再以拼装、焊接等方法组合成最终产品。对比铣床（通过铣刀对材料从外到内进行切削）、熔铸（熔化后倒入模具成型）等传统加工方式，3D 打印材料利用率接近 100%。

2．复杂造型无限制

3D 打印的一大优势是对打印对象造型几乎没有限制。因为这种技术通过层层叠加的方式构建立体成品，几乎任意复杂结构造型都可以通过 3D 打印制造，这一定程度上打破了传统铸造、机床制造对成品结构的限制，同时任意曲面、小孔径内腔等制造难点也被攻克。因为过去传统的制造方法就是一个毛坯，把不需要的地方切除掉，是多维加工的，或者采用模具，把金属和塑料熔化灌进去得到零件，这样对复杂的零部件来说加工起来非常困难。3D 打印无需原坯和模具，就能直接根据计算机图形数据，通过增加材料的方法生成任何形状的物体，简化产品的制造程序，缩短产品的研制周期，提高效率并降低成本，如图 1-7 所示。

图 1-7　3D 打印复杂结构模型

3．省时高效

首先，由于快速成型实现了首件净成型，后期辅助加工量大大减小，避免了委外加工的数据泄密和时间跨度，尤其适合一些高保密性的行业，如军工、核电领域。其次，在具有良好设计概念和设计过程的情况下，3D 打印技术还可以简化生产制造过程，快速有效又廉价地生产出单个物品。与传统技术相比，由于制造准备和数据转换的时间大幅减少，使得单件试制、小批量出产的周期和成本降低，特别适合新产品的开发和单件小批量零件的生产。3D 打印技术通过摒弃生产线而降低了成本，并大幅减少了材料浪费。

4．材料多样，无限制

各类 3D 打印机上所使用的材料种类很多，如树脂、尼龙、塑料、石蜡、纸以及金属或陶瓷的粉末，基本上满足了绝大多数产品对材料的力学性能需求。随着多材料 3D 打印技术的发展，有能力将不同原材料融合在一起，以前无法混合的原料混合后将形成新的材料，这些材料色调种类繁多，具有独特的属性或功能，如图 1-8 所示。

3D 打印对原材料（加工对象的母件）没有形状限制，因为它的打印耗材是粉末

图 1-8　彩色材料 3D 打印

状、线状或者液体,而不需要像玉器加工那样受玉石块大小和原始造型的限制。

5. 精细轻盈

大多数金属和塑料零件为了生产而设计,这就意味着它们会非常笨重,并且含有与制造有关但与其功能无关的剩余物。在 3D 打印技术中,原材料只为生产所需要的产品,借用 3D 打印技术,团队生产出的零件更加精细轻盈。当材料没有了生产限制后,就能以最优化的方式来实现其功能,因此,与机器制造出的零件相比,打印出来的产品重量要轻 60%,并且同样坚固。

6. 省空间和仓储

3D 打印技术的魅力在于它不需要在工厂操作,桌面 3D 打印机可以打印出小物品,而且,人们可以将其放在办公室一角、商店甚至房子里;而自行车车架、汽车转向盘甚至飞机零件等大物品,则需要更大的 3D 打印机和更大的放置空间。3D 打印机可以按需定制,减少了企业的实物库存。人们所需的物品按需就近生产,可以最大限度地减少长途运输的成本。

7. 操作简单,省人力

只要有 3D 打印的模型文件,按动开始按键,3D 打印机就会自动执行。不再需要传统的刀具、夹具和机床或任何模具,无论是否受过专业的计算机和机床操作训练,工人的操作失误因素被完全避免,为工厂节约了大量的技能培训开销和人力成本。

8. 三维数据远程无损传输

3D 打印的文件是一种数据格式,和可复制的视频和音频文件相似。因此利用扫描技术和 3D 打印技术,可以扫描、编辑和复制实体对象,创建精确的数据文件,并利用互联网进行远程传输,如扫描了十二生肖的铜首,将文件传送到世界上的任何一个角落,利用3D 打印机就可以打印出一模一样的样品,成龙电影《十二生肖》中的镜头很容易被实现,如图 1-9 所示。

图 1-9   电影《十二生肖》中的 3D 打印

9. 设备的修复

对偏远地区来说,一些设备非常宝贵,如果发生损坏维修时缺少相关零件,可以利用 3D 打印机来快速打印替代的零件进行修复,如棘齿扳手等工具在国际空间站被 3D 打印出来,3D 打印机被作为人类前往火星计划的一部分,其在空间站的使用让人类自由遨游太空成为可能。图 1-10 所示为太空中的 3D 打印机。

图 1-10　太空中的 3D 打印机

1.4　3D 打印技术类型

3D 打印技术产业不断拓展出新的 3D 打印技术路线和实现方法。根据所用材料及生成层片方式分类，总体可大致归纳为挤出成型、粒状粉末物料成型、光聚合成型三大技术类型，每种类型又包括一种或多种技术路线。

1．挤出成型

挤出成型主要的代表为熔融沉积成型（Fused Deposition Modeling，FDM）技术。由于这个英文名字已经被 Stratasys 公司注册为商标，因此为了避免法律问题，这种工艺又被 RepRap（一个著名的开源 3D 打印机）项目人叫作 FFF（Fused Filament Fabrication）。

2．粒状粉末物料成型

粒状粉末物料主要分为两类：一类是通过激光或电子束有选择地在颗粒层中熔化打印材料，而未熔化的材料则作为物体的支撑，无须其他支撑材料。这种技术类型主要包括，3D Systems 公司的 sPro 系列的 3D 打印机采用的选择性激光烧结技术（SLS），德国 EOS 公司采用的可打印合金材质的直接金属激光烧结技术（DMLS），瑞典 ARCAM 公司采用的通过高真空环境下电子束将熔化金属粉末层层叠加的电子束熔炼（EBM）积层制造技术。

另一类是 3D 打印机采用的喷头式粉末成型打印技术。该技术允许打印全色彩原型和弹性部件，可将蜡状物、热固性树脂和塑料混入粉末中一起打印，增加其强度。

3．光聚合成型

光聚合成型其实现途径较多，立体光刻成型（SLA 和 DLP）技术具有成型过程自动化程度高、制作模型表面质量好和尺寸精度高等特点，但由于液态光敏聚合物的特性，要求 SLA 和 DLP 设备的工作环境较为苛刻。

1.5 主流 3D 打印的技术类型

1.5.1 熔融沉积快速成型技术

熔融沉积又叫作熔丝沉积，它是将丝状热熔性材料加热熔化，通过一个微细喷嘴的喷头挤喷出来。热熔材料熔化后从喷嘴喷出，沉积在工作台上的制作面板或者前一层已固化的材料上，通过材料的层层堆积形成最终成品。类似于糖画艺人将加热过的糖浆用勺子按照预先想好的图案浇到平面上。而熔融沉积快速成型（Fused Deposition Modeling，FDM）原理打印机的喷嘴就是糖画艺人的锅和勺子。喷嘴以上的机械部分负责控制喷嘴的位置，即决定喷嘴的坐标；糖画只有单独的一层，而 FDM 工艺是从下到上逐层打印很多层，如图 1-11 所示。

在 3D 打印技术中，FDM 的机械结构最简单，设计也最容易，制造成本、维护成本和材料成本也最低，因此是在家用桌面级 3D 打印机中使用得最多的技术，而工业级 FDM 机器，主要以 Stratasys 公司产品为代表，如图 1-12 所示。

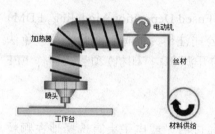

图 1-11　FDM 原理

图 1-12　Stratasys 工业级 3D 打印机

与其他 3D 打印技术相比，FDM 打印出的产品可耐受一定的温度和腐蚀性化学物质，并可抗菌和抗一定的机械应力，用于制造概念模型和功能原型，甚至直接制造出零部件和生产工具。FDM 使用的材料是易于熔化的固体，如某些类型的塑料、巧克力等。

FDM 的优势在于制造简单、成本低廉，但是桌面级的 FDM 3D 打印机，由于出料结构简单，难以精确控制出料形态与成型效果，同时温度对于 FDM 成型效果影响非常大，因此基于 FDM 的桌面级 3D 打印机的成品精度通常为 0.2~0.3mm 级别，少数高端机型能够支持 0.1mm 层厚，成品效果还是不够稳定。此外，大部分 FDM 机型制作的产品边缘都有分层沉积产生的条纹"台阶效应"，较难达到所见即所得的 3D 打印效果，所以在对精度要求较高的快速成型领域较少采用 FDM。

1.5.2　光固化成型技术

光固化成型技术主要使用光敏树脂为材料，通过紫外光或者其他光源照射凝固成型，逐层固化，最终得到完整的产品。光固化成型技术是最早发展起来的 RP，也是目前研究最深入、技术最成熟、应用最广泛的 RP 之一。光固化成型技术的优势在于成型速度快、原型精度高，非常适合制作结构复杂的原型。

光固化成型技术主要包括三种技术路线：其一是美国 3D Systems 开发并实现商业化的光固化成型技术（SLA）；其二是德国 Envision TEC 公司在数字光处理的基础上开发的 DLP 3D 打印技术；其三则是由以色列 Objet 公司开发的聚合物喷射技术（PolyJet）。

1. 光固化成型技术（Stereo Lithography Apparatus，SLA）

SLA 通过特定波长与强度的紫外光聚焦到光固化材料表面，使之由点到线、由线到面的顺序凝固，从而完成一个层截面的绘制工作。这样层层叠加，完成一个三维实体的打印工作。

SLA 的主要优点是，由 CAD 数字模型直接制成原型，加工速度快，产品生产周期短，无须切削工具与模具；成型精度高（在 0.1mm 左右），表面质量好。同时，SLA 的主要缺点为：SLA 的系统造价高昂，使用和维护成本相对过高；工作环境要求苛刻；耗材为液态树脂，具有气味和毒性，需密闭，同时为防止提前发生聚合反应，需要避光保护；成型件多为树脂类，使得打印成品的强度和耐热性有限，不利于长时间保存。

用于 SLA 技术比较成熟的材料主要有以下四个系列：

1）Ciba（瑞士）公司生产的 CibatoolSL 系列。

2）Dupont（美国）公司生产的 SOMOS 系列。

3）Zeneca（英国）公司生产的 Stereocol 系列。

4）RPC（瑞士）公司生产的 RPCure 系列。

图 1-13 所示为用 DSM Somos 光敏树脂打印的制品。

图 1-13　用 DSM Somos 光敏树脂打印的制品

2．数字光处理技术（Digital Light Processing，DLP）

DLP 是光固化成型技术中的一种，最早由德州仪器开发，被称为数字光处理快速成型技术。DLP 使用一种较高分辨率的数字光处理器来固化液态光聚合物，逐层对液态聚合物进行固化。

DLP 与 SLA 光固化成型技术比较相似，工作原理都是利用液态光敏树脂在紫外光照射下固化的特性。市面上 DLP 主要成型紫外光波段为 405nm 及 365nm。大部分材料都是以光敏树脂为基材进行改性处理，配置出不同性能，如具备铸造性能、短时间耐高温和力学性能好的特点，并且根据需要选择合适的颜色配比，透明度也可以根据实际情况进行调整。区别在于，DLP 一次成型一个面，而 SLA 只可以成型一个点，再由点到线、由线到面进行固化，故 DLP 比 SLA 要快。二者本质的差别在于照射的光源，SLA 采用激光点聚焦到液态光聚合物，而 DLP 成型技术是先把影像信号经过数字处理，然后再把光投影出来固化光聚合物。DLP 具备一次成型的能力，如果打印机的构建区域可以容纳 10 个部件，则这 10 个部件可以同时构建，如图 1-14 所示。

图 1-14　同时构建多个模型

3．聚合物喷射技术（PolyJet）

PolyJet 是由以色列 Objet 公司（于 2012 年并入 Stratasys 公司）在 2000 年初推出的专利技术。PolyJet 打印技术与传统的喷墨打印机类似，由喷头将微滴光敏树脂喷在打印底部上，再用紫外光层层固化。

对比 SLA 打印技术，其使用的激光光斑为 0.06～0.10mm，打印精度远高于 SLA。在打印光敏树脂的同时，可以使用水溶型或热熔型支撑材料。而 SLA/DLP 的打印材料与支撑材料来源于同一种光敏树脂，去除支撑时容易损坏打印件。

PolyJet 可以使用多喷头，可以实现不同颜色和不同材料的打印。PolyJet 使用的光敏聚合物多达数百种。制造商 Objet 提供的工业级 3D 打印机超过 123 种感光材料。从橡胶到刚性材料，从透明材料到不透明材料，从无色材料到彩色材料，从标准等级材料到生物相容型材料，以及用于在牙科和医学行业进行 3D 打印的专用光敏树脂，如：

1）数字材料，可以即时创建数百种复合材料。

2）数字 ABS 材料，模拟高强度和耐高温材料。

3）高温材料，集耐热功能性与尺寸稳定性于一身。

4）透明材料，用来 3D 打印透明件、着色模型和原型。

5）刚性不透明材料，使用明亮的色彩进行 3D 打印。

6）类聚丙烯材料，模拟聚丙烯的外观和功能。

7）类橡胶材料，可以打印数百种色彩和属性的柔性材料。

8）生物相容型材料，适合医疗和牙科应用的 3D 打印材料。

图 1-15 所示为 Polyjet 3D 打印机的打印作品。

图 1-15　Polyjet 3D 打印机的打印作品

Polyjet 的优点为：打印精度高，高达 16μm 的层分辨率和 0.1mm 的精度，可确保获得光滑、精准部件和模型；清洁，适合于办公室环境，采用非接触树脂载入/卸载，支撑材料的清除很容易；打印速度快，得益于全宽度上的高速光栅构造，可实现快速的打印，并且无须二次固化；用途广，由于打印材料品种多样，可适用于不同几何形状、力学性能及颜色的部件。此外，所有类型的模型均使用相同的支持材料，因此可快速便捷地变换材料，如图 1-16 所示。

图 1-16　Objet 3D 打印机

Polyjet 的缺点是：需要支撑结构，耗材成本相对较高。与 SLA 一样均使用光敏树脂作为耗材，但价格比 SLA 高；成型件强度较低，PolyJet 需要特别研发的光敏树脂，成型后的工件强度、耐久性都不是太高。

PolyJet 应用广泛，在航空航天、汽车、建筑、军工、商业品、消费品和医疗等行业具有很好的应用前景。

　　光固化快速成型技术也有不足，光敏树脂原料有一定毒性，操作人员使用时需要注意防护，其次光固化成型的原型在外观方面非常好，但强度方面尚不能与模具制成品相比，一般主要用于原型设计验证方面，然后通过后续处理工序将原型转化为工业级产品。此外，光固化技术的设备成本、维护成本和材料成本都远远高于 FDM。光固化 3D 打印机的详细介绍参见第 5 章 DLP 光固化 3D 打印机基础知识。

1.5.3　三维粉末粘接技术

　　三维粉末粘接（Three Dimensional Printing and Gluing，3DP）技术又可以分为热爆式三维打印（代表：美国 3D Systems 公司的 Zprinter 系列——原属 ZCorporation 公司，已被 3D Systems 公司收购）和压电式三维打印（代表：美国 3D Systems 公司的 ProJet 系列和被 Stratasys 公司收购的以色列 Objet 公司的三维打印设备）。

　　3DP 技术由美国麻省理工学院开发成功，原料使用粉末材料，如陶瓷粉末、金属粉末和塑料粉末等，3DP 技术的工作原理是，先铺一层粉末，然后使用喷嘴将黏合剂喷在需要成型的区域，让材料粉末粘接，形成零件截面，然后不断重复铺粉、喷涂和粘接的过程，层层叠加，获得最终打印出来的零件。

　　3DP 技术的优势在于成型速度快，无须支撑结构，而且能够输出彩色打印产品，这是目前其他技术都比较难以实现的。3DP 技术的典型设备是 3D Systems 旗下 Zcorp 的 Zprinter 系列，也是 3D 照相馆使用的设备，Zprinter 的 z650 打印出来的产品最大可以输出 39 万色，色彩方面非常丰富，也是在色彩外观方面，打印产品最接近成品的 3D 打印技术，如图 1-17 所示。

图 1-17　Zprinter z650

　　使用 3DP 可以打印金属，这种技术被 ExOne 公司商业化。ExOne 公司制造的产品材料包括金属、石英砂和陶瓷等多种工业材料，其中金属材料以不锈钢为主。当利用 3DP 技术制造金属零件时，金属粉末被一种特殊的黏合剂所粘合而成型，然后从 3D 打印机中取出，放到熔炉中烧结得到金属成品。

　　另外一种技术利用 3DP 制作金属模具，砂模铸造成型是一种间接制造金属产品的方式。利用 3DP 技术将铸造用砂制成模具，之后便可用于传统工艺的金属铸造。专门用 3DP 技术生产模具的公司是德国的 VoxelJet，VoxelJet 生产的设备能够用于铸造模具的生产。

3DP 技术也有不足，首先粉末粘接的直接成品强度并不高，只能作为测试原型，其次由于粉末粘接的工作原理，成品表面不如光固化光洁，精细度也有劣势，所以一般为了生产拥有足够强度的产品，还需要一系列的后续处理工序。此外，由于制造相关材料粉末的技术比较复杂，成本较高，所以目前 3DP 技术主要应用在专业领域，我国不少塑像馆采用这种技术 3D 打印人像。

1.5.4　选择性激光烧结技术

选择性激光烧结技术（Selective Laser Sintering，SLS）又称为选区激光烧结技术，该工艺由美国德克萨斯大学提出，于 1992 年开发了商业成型机。SLS 利用粉末材料在激光照射下烧结的原理，由计算机控制层层堆结成型。SLS 同样是使用层叠堆积成型，所不同的是，它首先铺一层粉末材料，将材料预热到接近熔化点，再使用激光在该层截面上扫描，使粉末温度升至熔化点，然后烧结形成粘接，接着不断重复铺粉、烧结的过程，直至完成整个模型成型。这种技术才是工业上经常提到的 3D 打印。

SLS 工艺最大的优点在于选材较为广泛，如尼龙、蜡、ABS、树脂裹覆砂（覆膜砂）、聚碳酸酯（Poly Carbonates）、金属和陶瓷粉末等都可以作为烧结对象。粉床上未被烧结部分成为烧结部分的支撑结构，因而无须考虑支撑系统（硬件和软件）。SLS 工艺与铸造工艺的关系极为密切，如烧结的陶瓷型可作为铸造的型壳、型芯，蜡型可做成蜡模，热塑性材料烧结的模型可做成消失模。

激光烧结的成品精度好、强度高，但是最主要的优势还是在于金属成品的制作。激光烧结可以直接烧结金属零件，也可以间接烧结金属零件，最终成品的强度远远优于其他 3D 打印技术。SLS 家族最知名的是德国 EOS 的 M 系列，如图 1-18 所示。

图 1-18　德国 EOS 的 M 系列设备

激光烧结技术虽然优势非常明显，但是也同样存在缺陷，首先粉末烧结的表面粗糙，需要后期处理，其次使用大功率激光器，除了本身的设备成本外，还需要很多辅助保护工艺，在成型的过程中把粉末烧结，所以工作中会有很多的粉状物体污染办公空间，一般设备要有单独的办公室放置。另外成型后的产品是一个实体，一般不能直接装配进行性能验证。另外，产品储存时间过长后会因为内应力释放而变形。对容易发生变形的地方设计支撑，表面质量一般。运营成本较高，设备费用较贵。能耗通常在 8000W 以上。

因为整体技术难度较大，制造和维护成本非常高，普通用户无法承受，所以目前应用范围主要集中在高端制造领域，要进入普通民用领域，还需要一段时间。

1.5.5　其他激光烧结技术

1．选择性激光熔融技术（Selective Laser Melting，SLM）

由德国 Froounholfer 研究院于 1995 年首次提出，SLM 的工作原理与 SLS 相似。SLM 是将激光的能量转化为热能使金属粉末成型，其主要的区别在于，SLS 在制造过程中金属粉末并未完全熔化，而 SLM 在制造过程中金属粉末加热到完全熔化后成型；SLM 不需要黏结剂，成型的精度和力学性能都比 SLS 要好；然而因为 SLM 没有热场，它需要将金属从 20℃ 的常温加热到上千度的熔点，这个过程需要消耗巨大的能量。

目前，SLM 主要应用在工业领域，在复杂模具、个性化医学零件、航空航天和汽车等领域具有突出的技术优势。

2．直接金属粉末激光烧结技术（Direct Metal Laser Sintering，DMLS）

SLS 的重要分支，利用 SLS 制造金属零部件，通常有两种方法，其一为间接法，即聚合物覆膜金属粉末的 SLS；其二为直接法，即 DMLS。与间接 SLS 相比，DMLS 工艺最主要的优点是取消了昂贵且费时的预处理和后处理工艺步骤。

DMLS 的材料主要包括自熔性合金粉末、碳化物复合粉末、自黏结复合粉末和氧化物陶瓷粉末等。目前 DMLS 主要用于受损零件的修复，可对大型转动设备重要零部件，如轴、叶片、轮盘、曲轴、泵轴、齿轴以及模具、阀门等进行腐蚀、冲蚀和磨损后的激光熔覆修复。

3．电子束熔炼（Electron Beam Melting，EBM）

EBM 是一种金属增材制造技术，最早由瑞典 Arcam 公司研发并取得专利。EBM 的工作原理与 SLM 相似，都是将金属粉末完全熔化后成型。其主要区别在于 SLM 是使用激光来熔化金属粉末，而 EBM 技术是使用高能电子束来熔化金属粉末。

EBM 的材料一般为多金属混合粉末合金材料，如目前主流的 Ti6Al4V、钴铬合金和高温铜合金等。这些材料具有自己独有的一些特征，如高温铜合金具有高相对强度、潜在的用于高热焊剂的应用、极好的升高的温度强度、极好的热传导性、好的抗蠕变性等。目前已经商业化应用的 EBM 材料有：CoCrMo 合金、纯铜、纯铁、316L 不锈钢、H13 工具钢、金属铌、镍基合金、纯钛、钛合金和 TiAl 基合金。

EBM 技术可用于模型、样机的制造，也可用于复杂形状金属零件的小批量生产。EBM 技术可广泛应用于航空航天及工业领域的轻量化整体结构、高性能复杂零部件的制造（如制造起落架部件和火箭发动机部件等），以及医疗领域多孔结构骨科植入物的制造。EBM 技术还能够制造传统加工方法难以制造的金属材料，如常用于航空发动机的高温合金。

4．激光近净成形（Laser Engineered Net Shaping，LENS）

近净成形技术是指零件成形后，仅需少量加工或不再加工，就可用作机械构件的成形技术。LENS 通过激光在沉积区域产生熔池并持续熔化粉末或丝状材料而逐层沉积生成三维物件。LENS 技术由美国桑迪亚国家实验室（Sandia National Laboratory）于 20 世纪 90 年代研制，随后美国 Optomec 公司将 LENS 技术进行商业开发和推广。

LENS 技术主要用于打印比较成熟的商业化金属合金粉末材料，包括不锈钢、钛合金和镍基合金等。

LENS 技术可以实现金属零件的无模制造，节约成本，缩短生产周期。同时该技术解决了复杂曲面零部件在传统制造工艺中存在的切削加工困难、材料去除量大和刀具磨损严重等一系列问题。LENS 技术是无须后处理的金属直接成形方法，成形得到的零件组织致密，力学性能很高，并可实现非均质和梯度材料零件的制造。

LENS 技术主要应用于航空航天、汽车和船舶等领域，用于制造或修复航空发动机和重型燃气轮机的叶轮叶片以及轻量化的汽车零部件等。LENS 技术可以对磨损或破损的叶片进行修复和再制造，从而大大减少叶片的制造成本，提高生产效率。

1.5.6　分层实体制造技术

层叠实体制造又称为分层实体制造技术（Laminated Object Manufacturing，LOM）或薄形材料选择性切割，最早由 Michael Feygin 于 1984 年提出关于 LOM 的设想，并于 1985 年组建了 Helisys 公司（后为 Cubic Technologies 公司），后来在 1990 年推出第一台商业机 LOM-1015，成功将该技术商业化。LOM 技术是当前世界范围内几种最成熟的快速成型制造技术之一，一些改进型的 LOM 3D 打印机能够打印出媲美二维印刷的色彩，因此受到了人们的关注。

LOM 技术的成型原理为，激光切割系统按照计算机提取的横截面轮廓线数据，将背面涂有热熔胶的片材进行切割。切割完一层后，送料机构将新的一层片材叠加上去，利用热粘压装置将已切割层粘合在一起，然后再次重复进行切割。通过逐层地粘合、切割，最终制成三维物件。目前，可供 LOM 设备打印的材料包括纸、金属箔、塑料膜、陶瓷膜或复合材料等。LOM 工艺具有传统切削工艺的影子，不用大块原材料进行切割，而是将原来的零部件模型分割成多层，然后进行逐层切割。尽管 LOM 工艺支持多种材料，但市面上大多使用涂有热敏胶的纤维纸作为其原材料，因此在打印完成后都需要使用砂纸进行磨光，并用密封漆来进行防潮处理，否则打印物件容易受到水分渗透影响。

目前普遍来说，LOM 打印技术的优点主要有以下几个方面：

1）成型速度较快。由于 LOM 无须打印整个切面，只需要使用激光束将物体轮廓切割出来，所以成型速度较快，常用于加工内部结构简单的大型物件。

2）成本低。因为没有涉及化学反应，所以可以满足大型物件的制作，不存在收缩和翘曲变形，无须设计和构建支撑结构。

3）精度较高。制件在 Z 方向的精度可达 0.2～0.3mm，X 和 Y 方向的精度可达 0.1～0.2mm。

LOM 的缺点也非常显著，主要体现在：LOM 技术能成熟使用的材料相比 FDM 设备要少很多，导致打印出的最终产品在性能上仅相当于高级木材，受原材料限制，成型件的抗拉强度和弹性较差；不能制造中空结构件。难以构建精细形状的物件，仅限于结构简单的物件。

后处理工艺烦琐，原型易吸湿膨胀，需进行防潮等处理流程；Z 轴精度受材质层厚决定，难以直接构建精细的物件。需要专门的实验室环境，且维护费用高昂。

由于 LOM 技术本身的缺陷，应用的行业也比较狭窄。目前多用于以下几个领域：

1）直接制作纸质或薄膜等材质的功能制件，用在新产品开发中的外观评价、结构设计验证。

2）通过真空注塑机制造硅橡胶模具，试制少量新产品。

3）快速制模，包括铸造用金属模具、铸造用消失模和石蜡件的蜡模等。

1.5.7　多射流熔融技术

2014 年惠普公司推出的 3D 打印技术：多射流熔融技术（MultiJet Fusion，MJF）。同时还推出了全球首个独一无二的浸入式计算平台"Sprout"，使得 3D 设计也向前迈了一大步。"Sprout"集成了 3D 扫描仪、深度传感器、高分辨率摄像头和投影仪，用户可以很方便地将一个实体的物品物理项目随时加

入现有的数字工作空间中。人们可以很直
接地把自己的作品、工作和项目 3D 化，如
图 1-19 所示。

惠普所用的为 MJF 技术，其成形步骤
如下：

1）铺设成形粉末。

2）喷射熔融辅助剂（Fusing Agent）。

3）喷射细化剂（Detailing Agent）。

4）在成形区域施加能量使粉末熔融
（喷射细化剂的区域并没有被熔融）。

图 1-19　"Sprout" 平台

重复 1）～4）步骤，直到所有的层片成形结束。图 1-20 所示为 MJF 全
套设备。

图 1-20　MJF 全套设备

MJF 速度快，超过普通技术的 10 倍。以打印齿轮为例的速度对比，同样
耗费 3h，惠普 MJF 足足打印出了 1000 个，远超过 FDM 以及 SLS。

打印件质量高，打印一个椭圆形结构，只用了 30min，重 1/4 lb（约 113g），
却可提起最高 5t 的质量，足可以吊起一辆汽车；打印精度高，打印机喷头可以
达到 1200dpi 的精度，考虑到粉末的扩散，在 XY 方向的精度可以达到约 40μm。

但是由于技术的发展，暂时也有一定限制：

1）材料限制。现在可用材料为尼龙 12（PA12），而更多可用材料取决于
HP 对于细化剂的开发；金属器件的打印无法使用一体机，因为直接在设备
内部进行烧结/熔融需要的高温会影响电子器材包括喷头的运行。

2）材料污染。在喷射了细化剂的区域，粉末并没有被烧结，有可能造成粉
末的污染（因为这些喷射了细化剂的粉末如果被后续用在成型区域不会被熔融）。

3）颜色限制。HP 所用的熔融辅助剂包含了可以吸收光波的物质（可能
为炭黑等深色材料），因而所展示的样品为深色；而打印白色等浅色可能会降

低能量吸收率，从而增加成型时间，有可能导致无法成型；对于全彩器件的打印，同时需要考虑色素的耐高温能力。

1.5.8　不同技术的 3D 打印设备及材料价格

综上，可以用表 1-1 来描述当今常见的 3D 打印技术及匹配材料。

表 1-1　3D 打印技术及匹配材料

类型	成型技术	适用材料	代表公司
挤压成型	FDM	热塑性塑料、金属、可食用材料	Stratasys（美国）
线状成型	电子束自由成型技术（EBF）	几乎任何合金	Sciaky（德国）
粒状物料成型	DMLS	几乎任何合金	EOS（德国）
	EBM 技术	钛合金	ARCAM（瑞典）
	SLM	钛合金、不锈钢、铝	SLM Solutions（德国）
	选择性热烧结成型技术（SHS）	热塑性粉末	Blueprinter（丹麦）
	SLS	热塑性塑料、金属粉末、陶瓷粉末	3D Systems（美国）
粉末层喷头成型	3DP	石膏、热塑性塑料、金属与陶瓷粉末	Zcorporation（美国）
光聚合成型	SLA	光固化树脂	3D Systems（美国）
	聚合物喷射技术（PI）	光固化树脂	Objet（以色列）
	DLP	光固化树脂	EnvisionTec（德国）

不同 3D 打印设备价格差异很大，桌面级别和工业级别差异也非常大。

1）FDM。FDM 的国产设备约 1000～10 万元，所需要的打印材料约 50～200 元/kg；进口设备约 1 万～70 万元，进口的打印材料约 300～1000 元/kg。

2）光固化。

国产桌面设备约 2 万～10 万元，打印材料约 400～1000 元/kg。

国产工业级设备约 25 万～100 万元，打印材料约 250～450 元/kg。

进口桌面设备约 3 万～10 万元，打印材料约 1200 元/kg 以上。

进口工业级设备约 50 万元以上，打印材料约 2000 元/kg 以上。

3）金属。以 SLM 类型为例，打印设备约百万～千万元，打印材料约 2500 元/kg 以上，进口材料约 900 元/kg 以上。

4）尼龙。以 SLS 为例，打印设备约 10 万～百万元，打印材料约 300 元/kg 以上，进口打印材料约 1000 元/kg 以上。

5）其他。可以打印陶瓷（不同原理）的桌面级设备上万元，工业级打印设备百万元；打印食品的设备 1 万～5 万，打印材料为巧克力粉和面粉等；

生物打印机的设备价格可达到千万级别。

1.6　3D 打印材料

3D 打印材料是 3D 打印技术发展的重要物质基础，在某种程度上，材料的发展决定着 3D 打印能否有更广泛的应用。目前，3D 打印材料主要包括工程塑料、光敏树脂、橡胶类材料、金属材料和陶瓷材料等，除此之外，彩色石膏材料、人造骨粉、细胞生物原料以及砂糖等食品材料也在 3D 打印领域得到了应用。以表 1-2 为例，将从聚合物材料、金属材料、陶瓷材料和复合材料分别进行分析。

表 1-2　3D 打印材料

3D 打印材料分类	3D 打印聚合物	工程塑料	ABS
			PA
			PC
			PPFS
			PEEK
			EP
			Endur
		生物塑料	PLA
			PETG
			PCL
		热固性塑料	
		光敏树脂	
		高分子凝胶	
	3D 打印金属材料	黑色金属	不锈钢
			高温合金
		有色金属	钛
			铝镁合金
			镓
			稀贵金属
	3D 打印陶瓷材料		
	3D 打印复合材料		

1.6.1　工程塑料

工程塑料指被用作工业零件或外壳材料的工业用塑料，具有强度高、耐冲击性、耐热性、硬度高以及抗老化等优点，正常变形温度可以超过 90℃，可进行机械加工、喷漆以及电镀。工程塑料是当前应用最广泛的一类 3D 打印材料，常见的有丙烯腈-丁二烯-苯乙烯共聚物（ABS）、聚碳酸酯（PC）、尼龙（PA）、聚苯砜（PPSF）、聚醚醚酮（PEEK）等。

1. ABS

ABS 具有良好的热熔性和冲击强度，是 FDM 3D 打印工艺的首选工程塑料，目前主要是将 ABS 预制成丝、粉末化后使用。ABS 具有良好的强度、柔韧性、机械加工及抗高温性能，是目前工程师的首选塑料。另外，它具有极好的耐磨性和抗冲击能力，应用范围几乎涵盖所有日用品、工程用品和部分机械用品。ABS 的颜色种类很多，如象牙白、白色、黑色、深灰色、红色、蓝色和玫瑰红色等，在汽车、家电和电子消费品领域有广泛的应用。

在 3D 打印中，ABS 不能生物降解。ABS 物件在 3D 打印过程中最大的障碍就是与 3D 打印机的工作平台直接接触的表面易出现翘曲，这就需要提前加热打印平台（一般加热到 50~110℃）。

打印 ABS 的颗粒排放量为 PLA 的 10 倍。超细颗粒通常都很容易进入人体的气管和肺部，并被吸收到血液循环系统中，因此，家庭 3D 打印机打印 ABS 时需要做好防护措施。

近年来，ABS 不但在应用领域逐步扩大范围，性能也在不断提升，借助 ABS 强大的黏结性、强度，通过对 ABS 的改性，使其作为 3D 打印材料在适用范围上进一步扩大。2014 年，国际空间站以 ABS 为材料用 3D 打印机为其打印零部件，Stratasys 公司研发的最新 ABS 材料 ABS-M30，专为 3D 打印制造设计，力学性能比传统的 ABS 提高了 67%，从而扩大了 ABS 的应用范围。

2. PC

PC 的强度比 ABS 还要高出 60%左右。PC 具有耐冲击、韧性高、耐热性高和耐化学腐蚀等特点，被广泛应用于眼镜片、饮料瓶等各种领域，可以作为最终零部件使用甚至超强工程制品的应用。德国拜耳公司开发的 PC2605 可用于防弹玻璃、树脂镜片、车头灯罩、宇航员头盔面罩、智能手机的机身、机械齿轮等异型构件的 3D 打印制造。图 1-21 所示为 PC 制品。

图 1-21　PC 制品

PC 的三大主要应用领域是玻璃装配业、汽车工业和电子、电器工业，其次还用于工业机械零件、光盘、包装、计算机等办公室设备、医疗及保健、薄膜、休闲和防护器材等。PC 可用作门窗玻璃，PC 层压板广泛用于银行、使馆、公共场所的防护窗，用于飞机舱罩、照明设备、工业安全挡板和防弹玻璃。目前，国内外都非常重视 PC 在 3D 打印技术中的应用，在建筑行业、汽车制造工业、医疗器械、航空航天和电子电器等领域都有广泛应用。据统计，一架波音型飞机上所用 PC 部件多达 2500 个。

3．PA（尼龙）

尼龙（Nylon）又叫作聚酰胺纤维，英文名 Polyamide（PA）。尼龙外观为白色至淡黄色颗粒，制品表面有光泽且坚硬。尼龙有很好的耐磨性、韧性和抗冲击强度。部分尼龙用作合成纤维，其强度甚至可同碳纤维媲美，是重要的增强材料，在航天工业中被大量应用。尼龙的不足之处是在强酸或强碱条件下性能不稳定，吸湿性强。

3D 打印用的尼龙属于一种特殊的耐用性工程尼龙，它是一种非常精细的白色粉粒，做成的样品强度高，同时具有一定的柔性，使其具有较强的抗冲击性能。由于尼龙熔融温度比较高，而热变形温度较其他高分子材料相比较低，因此尼龙多数采用 SLS 工艺进行打印。而复合型材料，如尼龙与玻璃纤维混合，有效地改善了尼龙的可加工性，使其满足了 FDM 的需要。但同时，玻璃纤维的加入也增加了制品的表面粗糙度值。利用 3D 打印制造的 PA 碳纤维复合塑料树脂零件，具有很高的韧度，可作为机械工具代替金属工具。全球著名 PA 工程塑料的专家索尔维公司，基于 PA 的工程塑料进行 3D 打印样件，用于发动机周边零件、门把手套件和制动踏板等。用 PA 代替传统的金属材料，最终解决了汽车轻量化问题。图 1-22 所示为尼龙玻纤鱼线。

图 1-22　尼龙玻纤鱼线

2013 年，世界首辆 3D 打印汽车 Urbee 问世，其主要材料是尼龙玻纤，利用 FDM 工艺制成。尼龙玻纤从喷头挤压出来的丝状材料甚至能达到人的头发丝那么细，从而有效保证了打印产品的精细度。整个车的零件打印只需耗时 2500h，生产周期远小于传统汽车制造周期。

4．PPSF

PPSF/PPSU（聚纤维酯）是支持 FDM 的新型工程塑料，其颜色为琥珀色，材料热变形温度为 189℃，适合高温的工作环境，在所有热塑性材料里面是强度最高、耐热性最好、耐蚀性最高的材料。通过碳纤维、石墨的复合处理，

PPSF 材料能够表现出极高的强度，可用于 3D 打印制造能承受负荷的制品，成为替代金属、陶瓷的首选材料。可承受高温高压，具有良好的力学性能，被广泛应用于电子、汽车和医疗等领域，另外，PPSF 无毒，可与食品和饮用水直接接触，获得了美国 FDA 认证。无论是从经济发展的需求，还是从经济效益来考虑，PPSF 的开发和应用都非常必要。

5. PEEK

PEEK（聚醚醚酮）是一种具有耐高温、自润滑、易加工和高机械强度等优异性能的特种工程塑料，可加工成各种机械零部件，如汽车齿轮、油筛、换档启动盘、飞机发动机零部件、自动洗衣机转轮和医疗器械零部件等。

PEEK 具有优异的耐磨性、生物相容性、化学稳定性以及杨氏模量最接近人骨等优点，是理想的人工骨替换材料，适合长期植入人体。基于熔融沉积成型原理的 3D 打印技术安全方便，无须使用激光器，后处理简单，通过与 PEEK 材料结合制造仿生人工骨，如图 1-23 所示。

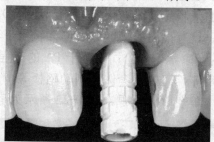

图 1-23　PEEK 材料制造人体植入物

6. EP

EP（Elasto Plastic）即弹性塑料，是 Shapeways 公司研制的一种 3D 打印原材料，它能避免用 ABS 打印的穿戴物品或者可变形类产品存在的脆弱性问题。EP 非常柔软，在进行塑形时，跟 ABS 一样采用"逐层烧结"的原理，但打印的产品弹性相当好，变形后也容易复原。这种材料可用于制作 3D 打印鞋、手机壳和 3D 打印衣物等产品，如图 1-24 所示。

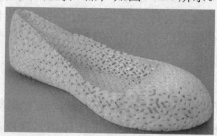

图 1-24　使用 EP 打印的鞋子

7．Endur

Endur 是 Stratasys 公司推出的一款全新 3D 打印材料，它是一种先进的仿聚丙烯材料，可满足各种不同领域的应用需求。Endur 具有高强度、柔韧性好和耐高温性能，用其打印的产品表面质量佳，且尺寸稳定性好，不易收缩。Endur 具有出色的仿聚丙烯性能，能够用于打印运动部件、咬合啮合部件以及小型盒子和容器。

8．PP

PP（Polypropylene）即聚丙烯，是由丙烯聚合而制得的一种热塑性树脂，其无毒、无味，强度、刚度、硬度和耐热性均高于聚乙烯，可在 100℃ 左右使用，具有良好的介电性能和高频绝缘性且不受湿度影响。缺点是不耐磨、易老化。适于制作一般机械零件、耐蚀零件和绝缘零件。常见的酸、碱等有机溶剂对它几乎不起作用，可用于食具。

模拟聚丙烯是一种新型的可用于 3D 打印的聚合物材料，它在很多方面模拟了聚丙烯在强度和耐热性方面的优点，同时也弥补了聚丙烯在韧性和低温脆性等方面的不足。由于模拟聚丙烯具有亮白的颜色以及极佳的表面质量、光滑的触感，使它在家用电器、日常消费品、汽车部件及实验室设备的原型制作方面都非常适用。

9．HIPS

HIPS 即高抗冲聚苯乙烯，是全世界用于生产使用最多的高分子材料。因为它的强度、卫生和蓄热等特性，被广泛地应用在食品包装上。它外表白色且光亮，对人类和动物没有毒性。HIPS 在柠檬烯液体中可以溶解，利用此种特性将 HIPS 作为打印模型的支撑使用，之后利用柠檬烯溶解，只剩下打印主体，省去了拆除支撑的过程。

10．PEI

聚醚酰亚胺（Polyetherimide，PEI）针对 FDM 工艺，具有完善的热学、机械以及化学性质，PEI 在高温下具有高强度、高耐磨性以及尺寸稳定性，是航空航天、汽车与军队应用产品的理想之选。美国通用公司的 PEI 商品名为"ULTEM"，在电路板、照明设备、液体输送设备、医疗设备、飞机内部零件和家用电器等领域有着广泛应用。其中 ULTEM 9085 是 ULTEM 中应用最广泛的材料，具有优越的综合性能。

1.6.2　生物塑料

3D 打印生物塑料主要有聚乳酸（PLA）、聚对苯二甲酸乙二醇酯-1，4-环己烷二甲醇酯（PETG）、聚-羟基丁酸酯（PHB）、聚-羟基戊酸酯（PHBV）、聚丁二酸-丁二醇酯（PBS）、聚己内酯（PCL）等，具有良好的可生物降解性。

1. PLA

PLA（Poly Lactic Acid）即聚乳酸，又叫作玉米淀粉树脂，是 3D 打印初期最好的原材料，具有多种半透明色和光泽感。PLA 由可再生的植物资源（玉米）所提取出的淀粉原料制备而成，使用后能被自然界中微生物完全降解，最终生成二氧化碳和水。不污染环境，是公认的环境友好材料，PLA 可生物降解为活性堆肥。聚乳酸的加工温度为 170～230℃，具有良好的热稳定性和抗溶剂性，被广泛应用于服装、工业和医疗等领域。

新加坡南洋理工大学的 Tan.K.H 等在应用 PLA 制造组织工程支架方面的研究中，采用可降解高分子材料制造了高孔隙度的 PLA 组织工程支架，通过对该支架进行组织分析，发现其具有生长能力。

PLA 在 3D 打印过程中不会像 ABS 那样释放出刺鼻的气味，变形率仅是 ABS 的 1/10～1/5。PLA 对人体无害和可完全生物降解的特性使得 PLA 在生物医药领域是最具发展前景的材料之一。PLA 对人体有高度安全性，可被组织吸收，可应用在生物医疗的诸多领域，如一次性输液工具、免拆手术缝合线和人造骨折内固定材料等。

2. PETG

PETG 是一种透明塑料，是一种非晶型共聚酯，具有较好的黏性、透明度、颜色、耐化学药剂和抗应力白化能力。可很快热成型或挤出吹塑成型。黏度比丙烯酸（亚克力）好。其制品高度透明，抗冲击性能优异，特别适宜成型厚壁透明制品。可以广泛应用于板片材、高性能收缩膜、瓶用及异型材等市场。如图 1-25 所示，PETG 制成的化妆品瓶和瓶盖，具有玻璃一样的透明度。

图 1-25　PETG 制成的化妆品瓶和瓶盖

PETG 作为一种新型的 3D 打印材料，兼具 PLA 和 ABS 的优点。在 3D

打印时，材料的收缩率非常小，并且具有良好的疏水性，无须在密闭空间里储存。由于 PETG 的收缩率和温度低，在打印过程中几乎没有气味，使 PETG 在 3D 打印领域具有更为广阔的开发应用前景。

3．PCL

PCL（聚己内酯）因具有良好的生物降解性、生物相容性和无毒性而被广泛用作医用生物降解材料及药物控制释放体系，可运用于组织工程，已经作为药物缓释系统。

PCL 是一种可降解聚酯，熔点较低，只有 60℃左右，因此，我国很多 3D 打印笔厂家用 PCL 作为材料，笔头温度低，不对使用者造成伤害。

与大部分生物材料一样，人们常常把 PCL 材料用作特殊用途，如药物传输设备和缝合剂等，同时，PCL 还具有形状记忆性。在 3D 打印中，由于它熔点低，所以并不需要很高的打印温度，从而达到节能的目的。在医学领域，可用来打印心脏支架等。如图 1-26 所示，利用 PCL 打印的玩具。

图 1-26　利用 PCL 打印的玩具

1.6.3　热固性塑料

热固性塑料是以热固性树脂为主要成分，配合以各种必要的添加剂通过交联固化过程形成制品的塑料。热固性塑料第一次加热时可以软化流动，加热到一定温度，产生交联反应而固化变硬，这种变化是不可逆的，再次加热时，已不能再变软流动了。正是借助这种特性进行成型加工，利用第一次加热时的塑化流动，在压力下充满型腔，进而固化成为确定形状和尺寸的制品。图 1-27 所示为热固性塑料打印的键盘。

图 1-27　热固性塑料打印的键盘

用于 3D 打印的热固性树脂材料可用于建筑。热固性塑料如环氧树脂、不饱和聚酯、酚醛树脂、氨基树脂、聚氨酯树脂、有机硅树脂和芳杂环树脂等具有强度高、耐火性的特点，非常适合 3D 打印的粉末激光烧结成型工艺。哈佛大学工程与应用科学院的材料科学家与 Wyss 生物工程研究所联手开发出了一种可 3D 打印的环氧基热固性树脂，这种环氧树脂可 3D 打印成建筑结构件，用在轻质建筑中。

1.6.4　光敏树脂

光固化树脂又称为光敏树脂，是一种受光线照射后，能在较短的时间内迅速发生物理和化学变化，进而交联固化的低聚物。光固化复合树脂是目前口腔科常用的充填、修复材料，由于它的色泽美观，具有一定的抗压强度，用于前牙各类缺损及窝洞修复，能取得满意的效果。如图 1-28 所示，光敏树脂打印出来的物体呈现出半透明磨砂状态。

图 1-28　光敏树脂打印出来的物体

光敏树脂是由聚合物单体与预聚体组成，由于具有良好的液体流动性和瞬间光固化特征，使其成为 3D 打印高精度制品的首选材料。光敏树脂固化速度快、表干性能优异，成型后产品外观平滑，可呈现透明或半透明磨砂状态。光敏树脂具有气味小、刺激性成分少等特征，非常适合个人桌面 3D 打印系统。

1.6.5　高分子凝胶

高分子凝胶具有良好的智能性，海藻酸钠、纤维素、动植物胶、蛋白胨、聚丙烯酸等高分子凝胶材料用于 3D 打印，在一定的温度及引发剂、交联剂的作用下进行聚合后，形成特殊的网状高分子凝胶制品。当离子强度、温度、电场和化学物质变化时，凝胶的体积也会相应变化，用于形状记忆材料；凝胶溶胀或收缩发生体积转变，用于传感材料；凝胶网孔的可控性，可用于智能药物释放材料。图 1-29 所示为网状高分子凝胶制品。

图 1-29　网状高分子凝胶制品：水凝胶降温贴

1.6.6　金属材料

目前，大多数 3D 打印耗材是塑料，而金属具有良好的力学强度和导电性，使金属物品的打印应用更为广泛。

1．黑色金属

1）不锈钢。不锈钢（Stainless Steel）是不锈耐酸钢的简称，耐空气、蒸汽和水等弱腐蚀介质或具有不锈性的钢种称为不锈钢，而将耐化学腐蚀介质（酸、碱、盐等化学侵蚀）腐蚀的钢种称为耐酸钢。由于两者在化学成分上的差异而使它们的耐蚀性不同，普通不锈钢一般不耐化学介质腐蚀，而耐酸钢一般均具有不锈性。图 1-30 所示为不锈钢打印的启瓶器。

图 1-30　不锈钢打印的启瓶器

不锈钢是最廉价的金属打印材料，经 3D 打印出的高强度不锈钢制品表面略显粗糙，且存在麻点。不锈钢具有各种不同的光面和磨砂面，常被用作珠宝、功能构件和小型雕刻品等的 3D 打印。

2）高温合金。高温合金具有优异的高温强度，良好的抗氧化和耐热腐蚀性能、疲劳性能、断裂韧度等综合性能，已成为军民用燃气涡轮发动机热端部件不可替代的关键材料。图 1-31 所示为高温合金打印的制品。

图 1-31　高温合金打印的制品

　　高温合金因其强度高、化学性质稳定、不易成型加工和传统加工工艺成本高等因素已成为航空工业应用的主要 3D 打印材料。随着 3D 打印技术的长期研究和进一步发展，3D 打印制造的飞机零件因其加工的工时和成本优势已得到了广泛的应用。

　　2．有色金属

　　1）钛。钛金属外观似钢，具有银灰光泽，是一种过渡金属。钛的强度大，密度小，硬度大，熔点高，耐蚀性很强；高纯度钛具有良好的可塑性，但当有杂质存在时变得脆而硬。图 1-32 所示为利用钛金属粉末制作的涡轮泵。

图 1-32　利用钛金属粉末制作的涡轮泵

　　采用 3D 打印技术制造的钛合金零部件强度非常高，尺寸精确，能制作的最小尺寸可达 1mm，而且其零部件力学性能优于锻造工艺。英国的 Metalysis 公司利用钛金属粉末成功打印了叶轮和涡轮增压器等汽车零件。此外，钛金属粉末耗材在 3D 打印汽车、航空航天和国防工业上都将有很广阔的应用前景。

　　2）镁铝合金。镁铝合金因其质轻、强度高的优越性能，在制造业的轻量化需求中得到了大量应用，在 3D 打印技术中，它也毫不例外地成为各大制造商所中意的备选材料。

　　3）镓。镓（Ga）主要用作液态金属合金的 3D 打印材料，它具有金属导电性，其黏度类似于水，不同于汞（Hg），它既不含毒性，也不会蒸发。镓可用于柔性和伸缩性的电子产品，液态金属在可变形天线的软伸缩部件、软储存设备、超伸缩电线和软光学部件上已得到了应用。图 1-33 所示为液态金属合金的 3D 打印材料。

图 1-33　液态金属合金的 3D 打印材料

4）稀有贵金属。3D 打印的贵金属产品在时尚界的影响力越来越大。世界各地的珠宝设计师受益最大的就是将 3D 打印快速原型技术作为一种强大且可以方便替代其他制造方式的创意产业。在饰品 3D 打印材料领域，常用的有金、纯银和黄铜等。图 1-34 所示为 3D 打印的黄铜戒指。

图 1-34　3D 打印的黄铜戒指

1.6.7　陶瓷和复合材料

1．陶瓷材料

陶瓷材料具有高强度、高硬度、耐高温、低密度、化学稳定性好和耐蚀性等优异特性，在航空航天、汽车和生物等行业有着广泛的应用。

目前用于 3D 打印的陶瓷主要有氧化铝陶瓷、氧化锆陶瓷和磷酸钙陶瓷等。根据成型技术和最终的性能要求，陶瓷材料一般由陶瓷粉末、黏结剂和添加剂按一定比例混合均匀制成。用于 3D 打印的陶瓷材料形态包括如下：

1）浆料。陶瓷成分与其他溶剂及添加剂的混合物，通过物理、化学的方式成型。

2）陶瓷丝材。用于熔融堆积工艺。

3）陶瓷粉末。矿化物和黏结剂等的混合物，用于激光烧结、粘接等。

4）陶瓷薄片。片压成型、粘接。

如硅酸铝陶瓷粉末用于 3D 打印陶瓷产品，制品不透水，耐热温度可达 600℃，可回收，无毒，但其强度不高，可作为理想的炊具、餐具（杯、碗、盘子、蛋杯和杯垫）、烛台、瓷砖、花瓶和艺术品等家居装饰材料，如图 1-35 所示。

图 1-35　3D 打印的陶瓷制品

2．复合材料

美国硅谷 Arevo 实验室 3D 打印出了高强度碳纤维增强复合材料。相比于传统的挤出或注塑定型方法，3D 打印时通过精确控制碳纤维的取向，优化特定力学、电和热性能，能够严格设定其综合性能。由于 3D 打印的复合材料零件一次只能制造一层，每一层可以实现任何所需的纤维取向。结合增强聚合物材料打印的复杂形状零部件，具有出色的耐高温和抗化学性能。图 1-36 所示为复合材料制作的 3D 打印仿生肌电假手。

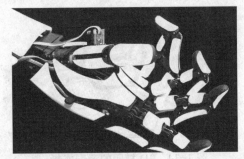

图 1-36　复合材料制作的 3D 打印仿生肌电假手

此外，还有磁性材料和硅胶材料等，目前全球只有几个公司可以做到 100%直接打印硅胶，德国 Wacker、英国 Fripp Design Research，还有我国一些企业，目前已将硅胶 3D 打印市场化。硅胶材料可分为有机硅胶和无机硅胶两大类。无机硅胶是一种高活性吸附材料，是一种很好的干燥剂和吸附剂。有机硅胶集有机物的特性与无机物的功能于一身，具有较好的耐高温和低温特性、抗辐射性以及电绝缘性。有机硅胶材料手感柔软，弹性好，外观透明，能反复进行消毒处理而不老化，且与人体接触舒适，生物相容性好。这些优点使得有机硅胶在医疗领域、航空航天、军事技术部门和电子电器等领域中可以广泛使用。用于 3D 打印的硅胶皆为有机硅胶。3D 打印硅胶用来进行功能测试，如玩具、生活用品和汽车等产品上的功能测试，如打印密封圈进行密封测试，图 1-37 所示为硅胶打印制品。

　　除了直接 3D 打印硅胶，硅胶可以对 3D 打印模型进行覆膜，硅胶覆膜又叫作真空注塑、真空覆膜。包括覆膜透明件、耐高温和软胶材料的硅胶覆膜，硅胶覆膜是针对塑胶材料覆膜手板，目前模型制作中使用硅橡胶模具最为广泛，特别适合 10～100 件的小批量塑料产品试制。

图 1-37　硅胶打印制品

　　首先 3D 打印模型，之后用液体硅胶覆盖住原始模型，等硅胶凝固之后就形成了用来覆膜用的硅胶模型。硅胶手板模型使用在小件产品或者花纹精细的产品上面。要用硅度软的硅胶来制造模具，防止精密细小的产品在脱模时损坏；做大件产品复制时，要用硬度大的硅胶来做模具，保持做出来的产品不变形，而且不宜一个硅胶覆膜太多模型。要做一个整体 ABS 的零件，CNC 无法加工或者拆件的，就可以选择用硅胶覆膜制作。

1.7　3D 打印的主要行业应用

　　速度快、高易用性等优势使得 3D 打印成为一种潮流，如今 3D 打印机已经在教育行业、建筑设计、医疗辅助、工业模型、复杂结构、零配件和动漫模型等领域都已经有了一定程度的应用，且引领了多项具有颠覆性的技术变革。

1.7.1　3D 打印在教育行业的应用

　　通过 3D 打印技术可以将计算机里的虚拟物品转化成现实中的真实物品，并把它交给学生，学生可以在现实中更直观地观察和研究。我国的很多学校已经逐渐开设集设计和 3D 打印于一体的"边学边做"课程，把数学、物理课中的许多抽象概念通过让学生动手设计一些由 3D 打印组件组成的装置，变成有趣的创客课程，如图 1-38 所示。

图 1-38　3D 打印与创客课程

1.7.2　3D 打印在艺术领域和个性化设计的应用

　　3D 打印技术在服装、首饰、艺术灵感和影视道具等艺术行业中，不仅可以减少时间成本，还能突破设计人员的思想"天花板"，有助于提高设计人员的创新能力。

在个性化设计领域，3D 打印技术已不仅限于发烧友用户使用，人人都能将自己天马行空的设想利用 3D 打印技术打印出实体 3D 模型。

未来孩子们可以自己从网上下载 3D 模型文件，然后在自己的家里用 3D 打印机打印自己的玩具。目前，消费品和玩具行业占据 3D 打印市场的很大份额，到 2020 年预计达 20%。

1.7.3　3D 打印在医疗行业的应用

医药行业是目前 3D 打印技术扩张最为迅猛的行业，预计到 2020 年将占整个 3D 打印市场份额的 25%。

3D 打印在生物医疗方面的应用涉及纳米医学、制药乃至器官制造。主要有以下几点：

1）说明病情和手术参照预演，手术干预。

2）器官移植。

3）修复性医学。

4）辅助治疗中使用的医疗装置，如齿形矫正器和助听器等，手术和其他治疗过程中使用的辅助装置。

1.7.4　3D 打印在建筑行业的应用

3D 打印技术在建筑行业中，可以用来制作一些建筑的模型，只要提供建筑的设计图，工程师根据设计图生成可以 3D 打印的文件，不仅能够省去徒手制作建筑模型的时间，还能利用 3D 打印技术捕捉建筑的细节完美呈现。图 1-39 所示为 3D 打印地形沙盘。

也可以利用 3D 打印技术直接打印建筑构件，甚至整体房屋。

图 1-39　3D 打印地形沙盘

1.7.5　3D 打印在考古科研行业的应用

3D 打印机可以用在文物保护工作上。现在利用 3D 打印机可以完美地复制出文物的模型，从而保护原始作品不受环境或意外事件的伤害，同时复制品也能将文物的影响传播得更广。如我国的天龙山石窟是佛教造像的经典之一，图 1-40 所示的佛像是天龙山石窟第 18 窟西壁的完整复原，颈饰项圈、手镯、下垂的左腿，以及莲座的细节都清晰可见。

图 1-40　3D 打印佛像复原

1.7.6　3D 打印在制造行业的应用

在制造行业,3D 打印技术暂时还不能取代传统的铸造、注塑成型等技术,但在打印产品原型等其他方面,3D 打印技术应用已经日趋成熟,未来将在制造关键零部件和制成品方面发挥越来越重要的作用,如汽车制造企业利用 3D 打印技术打印汽车零部件,或是以温州地区为代表的小商品制造基地的传统制造企业,也在通过 3D 打印技术改变着传统的生产流程。

1．军用器械

由于军用器械较为复杂,这类器械的许多零部件都是定制的,而且需要常备替换件。未来有望使用 3D 打印技术生产替换零部件。未来 3D 打印技术在军用行业的应用将迎来高速增长,到 2020 年有望占据整个 3D 打印市场份额的 5%。

2．汽车行业

3D 打印技术未来可以用于生产汽车零部件甚至直接打印整部汽车,尤其适用于高端定制汽车的生产。人们也可以定制适合自己头围和形状的专属摩托车或自行车头盔。到 2020 年,汽车行业预计占整个 3D 打印市场份额的 10%。

3．电子设备

3D 打印是生产微型电路板的理想技术,该技术既适用于低导电率的塑料,也适用于高导电率的金属材料。另外,3D 打印技术更是为耳机等消费性电子产品和部件的设计和制造过程带来了深刻的变革。电子设备行业是较早尝试 3D 打印技术的领域之一,到 2020 年预计占整个 3D 打印市场份额的 20%。

4．3D 打印卓越中心

在过去的几年里,空中客车、巴斯夫和通用电气等一大批大型企业已经建立了工业规模的 3D 打印内部创业模式(3D 打印卓越中心)。这些公司能够加速将 3D 打印集成到他们自己的制造流程中,把一些工程师集中在 3D 打

印创新上，代替传统的制造方法来制造难以实现或成本太高的部件，预测到
2021 年，40%的制造企业将建立 3D 打印卓越中心。

5．航空航天领域

3D 打印开启了航空航天制造领域的全新潜力，预测到 2021 年，75%的
新型商用和军用飞机将搭载 3D 打印引擎、机身和其他部件。

6．消费品制造

快速产品原型是消费品公司目前使用 3D 打印技术的方向。预测到 2021 年，
世界前 100 家消费品公司中有 20%将使用 3D 打印来制造定制化的产品。联合
利华等公司已经在通过 3D 打印技术来大幅缩短设计和生产时间，节省成本。

3D 打印也对消费品公司的供应链产生重大影响。定制化生产可能减少库
存，面向本地消费、本地生产，这种转变将使消费品公司重新思考商业模式。

1.7.7　3D 打印在食品行业的应用

3D 打印技术将被广泛用于食品的加工
过程。3D 食品打印机与基于 FDM 技术的打
印机类似，通过喷嘴挤出食物原料凝固成型。
大多数食品材料都呈糨糊状，包括面糊、巧
克力浆和糖浆等。任何以液体或粉末状形式
存在的物体，任何能够通过喷嘴喷出或注射
器压出的物质都可以被打印。图 1-41 所示为
3D 打印豆沙的模型。

图 1-41　3D 打印豆沙的模型

食品 3D 打印机能够做出传统工艺难以达到的造型效果，如镂空和不规
则形状。厨师还可借助食品 3D 打印机发挥创造力，研制个性菜品，满足挑
剔食客的口味需求。

通过 3D 打印使食物质地松软，容易咀嚼吞咽，高效吸收。通过 3D 打印
数字化制造，能够实现精确营养配比，均衡日常膳食。据估计，到 2020 年，
食品行业将占整个 3D 打印市场份额的 5%。

1.7.8　3D 打印在陶瓷行业的应用

陶瓷 3D 打印可以制备结构复杂、高精度的零件。多功能陶瓷在建筑、
工业、医学和航天航空等领域将会得到广泛的应用，在陶瓷型芯、骨科替代
物和催化器等方向具有很好的应用前景。国外出现了 3DCeram、Lithoz 等专
注陶瓷 3D 打印的公司。目前我国陶瓷 3D 打印技术正在发展，清华大学、西
安交通大学等科研单位走在前列。

1.8　3D 打印未来展望

1.8.1　3D 打印与 AI 人工智能

AI 入局 3D 打印的第一步便是解放模型设计环节的人力。目前，赋予 3D 打印设备以机器学习的能力，使之可对所接收的原始数据进行自动处理，生成模型，并监控、调整整个打印过程，实现闭环控制。除制作模型以外，自动搭配材料也是业界借助 AI 给 3D 打印机提高智商的努力方向。如美国 Baltics 3D 公司将 3D 扫描、3D 打印和人工智能三项技术融为一体，为残疾人士打造了一款快速低成本制作义肢的软件。仅通过智能手机扫描残肢，并用特定 APP 处理扫描数据，即可快速获得个性化打印方案，到任何 3D 打印服务公司都能把实物打印出来。

1.8.2　3D 打印与虚拟现实 VR 完美衔接

虚拟现实（Virtual Reality，VR）就是把虚拟世界的东西呈现到眼前。虚拟现实与 3D 打印的结合，在众多领域里能够为人们带来直观逼真的解决方案。

1. 制造业

新机器结合了 VR 技术，能虚拟现实呈现 3D 打印作业，从而可实现实时监控。3D 打印机有一个屏幕，通过它，操作员可在一个虚拟现实环境中观察打印作业，并执行任何必要的检查或干预。打印对象的几何或材料性状信息将一目了然。下一代制造工厂将在所有领域整合 3D 打印、虚拟或增强现实等前瞻性技术。

2. 利用 VR 进行 3D 打印建模

3D 打印机的建模软件一般都有比较高的门槛，而开发平易近人的 VR 建模系统将会极大方便用户。用户先使用 3D 扫描仪对任何喜欢的图像进行成像，然后通过 Google Tilt Brush（谷歌基于 HTC Vive 头盔的 VR 绘画应用）将扫描导入 VR 软件，然后创建新的 VR 内容。而且通过 VR 眼镜实现第一视角进行建模体验。对于 3D 建模零基础、缺乏立体空间思维的用户，VR 建模软件将会非常方便，使原本没有建模能力的群体也能体验到 3D 打印的魅力。图 1-42 所示为利用 VR 技术进行 3D 建模。

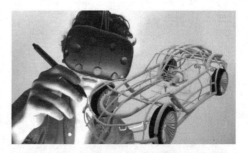

图 1-42　利用 VR 技术进行 3D 建模

1.8.3　3D 打印与 4D 打印技术

3D 打印方兴未艾，科学家提出了 4D 打印的概念，在 3D 打印的基础上，为 3D 打印的物体添加"时间"维度，让物体变得拥有"记忆功能"，从而在特定条件刺激下可以自动组装为预先设定的形态。4D 打印需要能够自动变形的材料，只需特定条件（如温度、湿度等），不需要连接任何复杂的机电设备，就能按照产品设计自动折叠成相应的形状。智能材料是 4D 打印的关键。以美国为首的发达国家，已经着手在军事、医学等领域探索 4D 打印技术在这些领域中的应用。如美国佐治亚理工学院（GIT）和新加坡技术大学推出了4D 打印的研究成果，只需单一的刺激（如热量），就能实现三维物体的自我折叠。图 1-43 显示了使用智能形状记忆聚合物（SMPs）制成的 4D 平面自动变形为一个自锁立方体的过程。

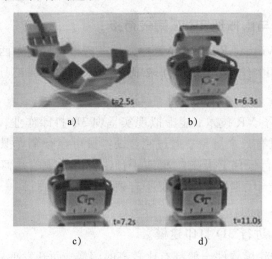

a)　　　　　　　　　　b)

c)　　　　　　　　　　d)

图 1-43　4D 打印材料随时间变化组合

第 2 章

3D 打印文件（三维模型数据文件）获取方式

2.1 3D 打印的工艺流程

由第 1 章 3D 打印定义可知，3D 打印技术采用的是切片堆积成型方式，其一般工艺流程主要有三维模型的构建、三维模型近似处理、切片处理、成型处理以及后处理。3D 打印的一般工艺流程如图 2-1 所示。

图 2-1　3D 打印的一般工艺流程

1）三维模型的构建【参见本章中 3D 打印文件（三维模型数据文件）获取方式】。

2）三维模型近似处理【参见本章 3D 打印文件（三维模型数据文件）知识】。

对于自由曲面，往往形状不规则，需在加工前进行近似处理。由于数据传输文件 STL 简单实用，因此已成为 3D 打印领域的标准接口文件格式，它是用一系列小三角形面片来逼近模型的自由曲面，因此，三角形面片的大小决定了模型的整体精度。

3）切片处理（参见第 4 章 FDM 3D 打印机切片软件知识和第 5 章光固化 3D 打印机切片软件知识）。

首先选择合理的分层方向，在成型高度上采用一系列间隔一定的平面来切割三维模型，从而获取不同截面的轮廓信息。切片成型的间隔越小，得到的实体模型精度越高。

4）成型处理（参见第 4 章 FDM 3D 打印机操作知识和第 5 章 DLP 光固化 3D 打印机操作知识）。

通过相应软件的控制，不同原理 3D 打印设备中的喷头或激光头等部件按切层的轮廓信息进行扫描运动，在工作台上成型材料层层堆积黏结，从而获得三维产品。

5）后处理（参见第 6 章 FDM 3D 打印模型后期处理方法知识）。

对获取的三维产品进行后续处理，从而获得目标成品。

2.2 3D 打印文件（三维模型数据文件）知识

无论多么先进的 3D 打印机，都必须有合适的三维模型数据文件进行打印，3D 打印机使用的三维数据文件，现阶段基本都是 STL 格式的文件。

STL（Stereo Lithography）文件格式由 3D Systems 公司的创始人 Charles W. Hull 于 1988 年发明，当时主要针对 SLA 工艺，现已成为全世界 CAD/CAM 系统接口文件格式的工业标准，是 3D 打印机支持的最常见的 3D 文件格式。将 3D 模型保存为 STL 文件后，物体的表面轮廓形状会被转换成三角形面片网格。每个三角形描述了它的空间位置（X，Y，Z 坐标及法向量），如图 2-2 所示。

图 2-2　三角形面片网格

STL 文件格式具有简单清晰、易于理解、易于生成及分割、算法简单等特点，另外输出精度也能够很方便地控制。

STL 文件有两种：一种是 ASCII 文本格式，特点是可读性好，可直接阅读；另一种是二进制格式，特点是占用磁盘空间小，为 ASCII 文本格式的 1/6 左右，但可读性差。但无论是 ASCII 文本格式，还是二进制格式，STL 文件格式都非常简单，一目了然。

国内外已有很多研究人员针对 STL 模型数据处理做了大量卓有成效的研究工作，这些工作主要集中在：

1）STL 文件的错误检测与修复。

2）STL 文件模型的拓扑重建。

3）STL 文件模型的分割。

4）STL 模型的分层处理（等层厚及变层厚）。

5）基于 STL 文件的三维模型分层方向优化。

6）基于 STL 文件的支撑生成与优化。

7）基于 STL 文件的层片扫描路径的生成及优化。

STL 文件也存在一定的缺陷。STL 文件格式还是显得有点过于简单，只能描述三维物体的表面几何信息，不支持描述表面上的特征，如颜色、材质等信息。因此，2011 年 7 月，美国材料与实验学会（ASTM）发布了一种全新的 3D 打印文件格式 AMF（Additive Manufacturing File）格式。

相比 STL 格式，AMF 文件格式可处理不同类型的材料、颜色、曲面三角形及内部中空结构，是 3D 打印最主要的优势之一。AMF 采用曲面三角形，能够更精准地描述曲面。除计算机处理之外，操作人员也能看懂，可通过增加标签轻松扩展。新标准不仅可以记录单一材质，还可对不同部位指定不同材质，能分级改变两种材料的比例进行造型。造型物内部的结构用数字公式记录。能够指定在造型物表面打印图像，还可指定在 3D 打印时最为高效的方向。

另外，还能记录作者的名字、模型的名称等原始数据。新格式的数据量比用二进制表现的 STL 要大，但小于用 ASCII 表现的 STL。新标准还打算加入数据加密和数字水印的定义、与组装指示联动、加工顺序、3D 纹理、与 STL 不同的形状表达等信息。此外，有的 3D 打印机支持 OBJ、AMF 等格式文件，但目前还是以 STL 文件格式为主。

2.3　3D 打印文件（三维模型数据文件）获取方式

三维数据模型的获取是 3D 打印技术的基础和关键技术之一，获取 3D 打印模型文件方式有很多种，主要有模型网站下载、照片建模、在线网页建模、扫描建模和专业软件建模等方式。

2.3.1　模型网站直接下载

目前，随着创客运动的发展和开源分享的传播，大量的 3D 打印模型设计师无私地将自己设计的模型上传并分享，通过付费或者免费的方式从互联网获得 3D 打印数据模型是最直接的方式。国内外的一些模型网站请参考附录 A。

1）国外三维模型下载网站。以 Makerbot 公司（现在已经被 Stratasys 收购）出品的模型分享网站最为著名 http://www.thingiverse.com/，现在模型总数已经超过 60 万个，如图 2-3 所示。

图 2-3　Thingiverse 模型下载网站

2）我国三维模型下载网站。我国很多 3D 打印信息网站也提供免费模型下载的内容，并且将三维模型按照行业的不同直接进行分类，比英文网站查找更加便捷和易于下载，如南极熊、三迪时空等，如图 2-4 所示，更多 3D 打印网站地址请参见附录 B。

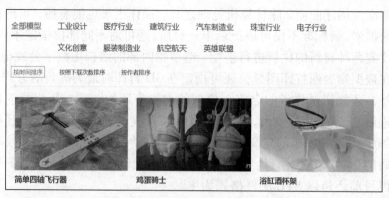

图 2-4　我国三维模型网站分类查询

2.3.2　照片建模

照片建模技术是指通过相机等设备对物体进行采集照片，经计算机进行图形、图像处理以及三维计算，从而自动生成被拍摄物体三维模型的技术。照片建模的优点是成本低，时间短，可批量自动化制作，模型较精准。使用傻瓜相机、手机或高级数码单反相机甚至无人机拍摄物体、人物或场景，可将数码照片迅速转换为三维模型。

1. 利用相机阵列，多角度拍照建模

相机阵列一般用于人像的三维模型采集，多个相机从各个角度将人体包围，采集之后就可以获得全方位的人体信息，再用专业软件进行合成，就可以得到一个极为逼真的人体模型，不仅仅用于 3D 打印，还可用于虚拟试衣等领域，我国应用这种技术在 3D 人像馆进行人像制作。

美国摄影师 Jordan Williams 几年前就开设了 "Captured Dimensions" 影楼，运用 60 台单反相机，360° 全包围式拍摄，然后将照片在计算机中整合，再输出 3D 打印成模型，所耗时间大约为 30min，而费用由 445～2295 美元不等，模型的大小在 10cm 左右，如图 2-5 所示。

图 2-5　60 台单反相机拍摄建模

2．拍照并上传云计算

与上面提到的专业相机阵列不同，最简单的拍照建模方法是利用 AUTODESK 公司出品的 123D CATCH 软件，从未接触过建模的人都能够使用照片创建一个 3D 打印数据模型，而且过程免费，建模过程如下：

1）首先使用者需要对一个物体进行 360°的照片拍摄，照片越多，最后得到的数据模型就越精细。

2）通过网址 http://123dapp.com/catch 下载 Autodesk 123D CATCH 软件，安装后打开。使用者需要使用 Autodesk 账号登录，如果没有账号可以直接注册。

3）登录账号以后，在 123D CATCH 软件中，单击"Create a New Capture"（创建新的项目），如图 2-6 所示。

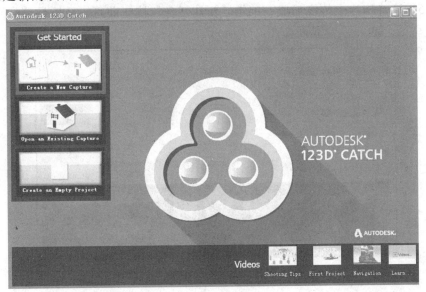

图 2-6　创建新的项目

4）选中模型的所有照片，然后单击打开（注意由于 123D CATCH 是英文软件，所以软件安装路径一定不能用汉字，否则照片上传云计算时会发生错误）。

5）通过 123D CATCH 软件上传完图片后单击"Create Project"（创建项目），此时在弹出的对话框中填写三维模型的名称等信息，然后单击"Create"（创建）。

6）等待 123D CATCH 软件将照片转换成三维模型数据文件，可以下载或发送到用户邮箱。

3．我国拍照建模云平台 3DCloud

3DCloud 照片建模应用平台，和 123D CATCH 拍照方法相似，只需登录网站并将物体不同角度的照片上传至该平台，系统就会自动生成模型，操作简单，不受空间制约。

1）打开 3DCloud 平台照片建模平台，并在该网站上通过手机号码注册一个账号。

2）注册好并登录相应的账号后，进入会员中心界面，然后单击"我要合成"按钮。

3）之后页面会跳转到合成界面，在"任务名称"方框中填写用户所给模型取的名称。

4）单击下面的"增加文件"按钮，选择要上传的一组相片，其中上传的相片数目为 1～100 张，相片为 JPG 格式。

5）等待相片上传完后成，单击"新建任务"按钮即可，最后是等待平台对模型的合成。平台界面如图 2-7 所示。

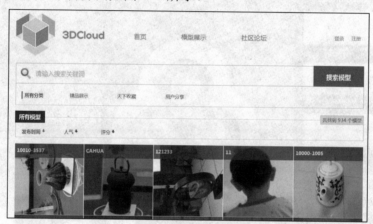

图 2-7　平台界面

4．无人机摄影测量技术建模

无人机摄影测量技术（Photogrammetry），即利用无人机在空中拍摄多张照片，采用摄影测量技术将一系列二维图像转换成适合于建模或 3D 打印的 3D 网格对象。在无人机已经非常普及的今天，拍摄照片并上传进行云计算，可以通过 123D CATCH 或无人机公司提供的软件编辑后获得地形地貌、建筑和雕像三维模型（注意地形地貌航拍三维建模需要相关部门的审批，请勿私自尝试）。图 2-8 所示为正在拍摄的多轴旋翼无人机。

国外艺术家利用我国无人机公司的无人机，以 25m 的距离为半径，一边环绕耶稣的雕像进行飞行，一边在三个不同的高度上拍摄。最终的照片数量为 110 张，总耗时为 10min。经无人机公司的 Altizure 软件编辑后，又使用 Autodesk

Memento 软件创建了照片的点云，除去了多余的景物之后，留下的就是耶稣像的网格 3D 模型，最终可以通过 3D 打印技术打印出来，如图 2-9 所示。

图 2-8　正在拍摄的多轴旋翼无人机

图 2-9　航拍耶稣塑像并 3D 打印

2.3.3　在线网页建模

在线网页建模相比专业软件建模也较为简单，打开浏览器中的建模网页，按照网页上的工具条操作就可以轻松建模，并将数据模型导出，几个代表性的建模网页如下：

1．3DTin

3DTin 是一个使用 WebGL 技术开发的三维网页建模工具，打开链接 http://www.3dtin.com/，可以在浏览器中（有的浏览器版本不支持）创建自己的 3D 模型。3DTin 内置多种模型素材，用户可以制作简单的模型。制作完成后，3DTin 还支持用户将制作好的模型文件导出，可以导出标准的 STL、OBJ 模型文件格式，除此之外，用户也可以在线保存，不过需要注册账户，同时保存的模型文件也可以分享给其他人，界面如图 2-10 所示。

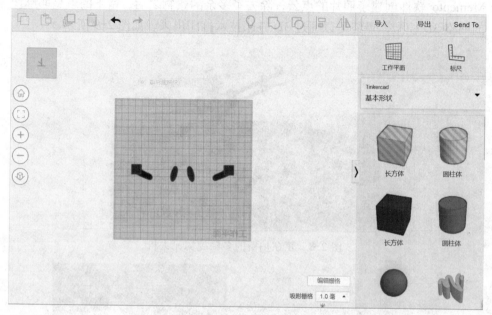

图 2-10　3DTin 网页界面

2．3DSLASH

3DSLASH 是简便实用的网页建模软件，使用方法类似俄罗斯方块，用网页上的锤子等工具雕琢立体方块来形成模型，完成后的三维模型既可以在网络上共享，又可以导出 STL 格式的数据文件进行打印。更为有趣的功能是，软件中的 VR 模式让用户能够在建模过程中随时全方位查看自己的作品，网页地址如下 https://www.3dslash.net/slash.php，网页界面如图 2-11 所示。

图 2-11　3DSLASH 界面

3．Eopoly

Eopoly 在线 3D 建模制作平台是一个通过 WEB 平台制作 3D 雕塑的应用站点，提供免费、易用、有趣的 3D 雕塑应用程序，采用云计算模式使用相当流畅，Leopoly 创作出了一种全新的 3D 打印创作模式。网页地址：https://leopoly.com/。

4．3DVIA Shape

3DVIA Shape 是一款在线 3D 建模应用程序。通过它可以创建多种模型，如房屋、艺术品等。还可以使用颜色、真实的纹理或自定义的纹理来绘制这些模型。使用 Remix 功能可以搜索和导入 3DVIA 内容库中其他用户创建的模型，这样无须建模就能创建一个完整的场景。网页地址：https://3dvia-shape.en.softonic.com/。

无论用户 3D 水平如何，使用 3DVIA Shape 进行 3D 设计都是十分轻松的。非常适合初学者，同时也为专业人士提供了强大的功能。界面如图 2-12 所示。

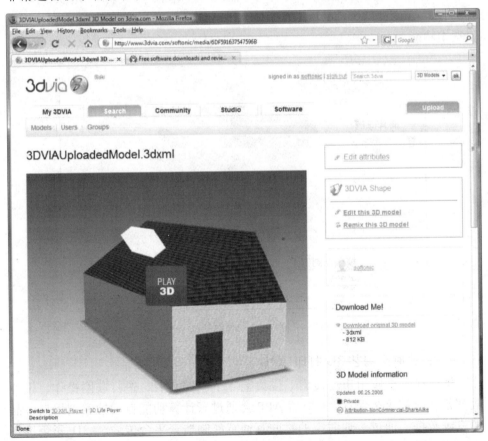

图 2-12　3DVIA Shape 界面

5．X-TEACH 在线设计

网页上具有方块世界、浮雕工匠、立体绘图和魔术照片简单的在线建模功能，使用者可以用类似俄罗斯方块的方式进行堆砌物体，也可以拖入照片，快速做出浮雕效果或者立体效果，注册用户后可保存文件并进行打印。

网页地址：http://www.x-teach.com/static/lp/online-tools.html。

2.3.4 国内外 3D 打印云平台和建模 APP

1．魔猴网

魔猴网是我国一款 3D 打印云平台，综合了 3D 格式转换、2D 转 3D、照片浮雕、涂鸦变 3D、立体文字、STL 文件修复和模型定制器等在线 3D 工具，用户可以利用这些基本的功能来使自己的涂鸦、照片和文字等变成 3D 打印的模型，并可以在线打印或者导出 3D 打印模型文件。网页地址：http://www.mohou.com/tools，如图 2-13 所示，网站提供的 3D 打印相关工具和基本功能。

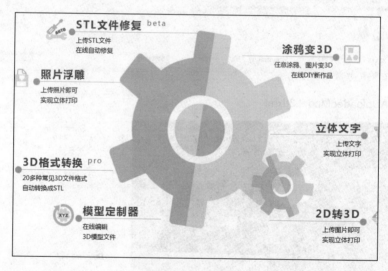

图 2-13　魔猴网

2．三迪时空陶艺 3D 打印 APP

用户在手机应用市场搜索"爱陶艺"下载安装后，进行联网操作，设计数据都在云端永久保存，下单后 APP 会通过云计算功能自动检索到用户作品的三维数据，通过三迪时空的物联互通智能制造云平台传输至 3D 彩色打印机完成打印生产，然后把实物快递给用户。界面如图 2-14 所示。

图 2-14　陶艺 3D 打印 APP 界面

3．Crayon Creatures 3D 打印彩色实物在线平台

西班牙设计师 Bernat Cuni 推出了 Crayon Creatures（https://www.crayoncreatures.com/）的服务，可以将孩子的信手涂鸦变成 3D 打印彩色实物的在线平台，是利用绘制轮廓线的做法创建一个 3D 空间形态，完成图样制作之后，将孩子上传的各种涂鸦转换为空间形态，使用 3D 打印方法制作出实物后寄给用户。这样既可以给孩子一个惊喜，同时做成真实的雕塑，永久珍藏，又可以成为孩子一生记忆的财富。打印的模型如图 2-15 所示。

图 2-15　Crayon Creatures 制作的模型玩具

4．Shapeways 在线 3D 打印平台

Shapeways（https://www.shapeways.com/）是一家总部位于荷兰的在线 3D 打印平台，它利用 3D 打印技术为客户定制他们设计的各种产品，包括艺术品、首饰、iPhone 手机壳、小饰品、玩具和杯子，还为客户提供了销售其创意产品的网络平台。该平台上云集了超过 2 万家的 3D 店铺，陈列着各种新奇、趣味的原创作品。在 Shapeways 网站上每个人都可以开店，与我国的淘宝十分相似。对于每一个在线售出的 3D 打印制品，Shapeways 也将根据材料、大小以及 3D 打印对象的复杂程度，收取一定的佣金。如图 2-16 所示，Shapeways 在线 3D 打印平台界面。

图 2-16　Shapeways 在线 3D 打印平台界面

5．打印啦

我国专为新手和对建模要求不高的玩家设计的 3D 建模云平台，具备雕刻大师、模型定制器、方块世界、打印照片、手绘线条、立体文字和图片印章等在线建模功能。使用者仅需选择一个模板，花几分钟时间进行自定义操作，然后打印便可将想象变成触手可及的实物。网页地址 http://www.dayin.la/apps/index.html。

6．阿祖拉云平台

阿祖拉云平台除了提供在线打印服务和在线定制外，在线建模板块可以提供立体文字、立体绘图、立体图片、创意印章、创意徽章和卡通模具等功能，网页地址 https://www.azura3d.com/onlinetools。

2.3.5　逆向工程数据

逆向工程（Reverse Engineering，RE）是将目标三维实体通过相关的数据采集转变为概念模型，并在此基础上进行后续创作，又称为反向工程或反求工程。

逆向工程主要包括：采集数据、处理数据、重构曲面和三维建模。首先处理采集到的数据，而后对处理完的有限点云数据进行曲面重构和三维建模。数据采集的主要方法包括：三坐标测量仪法、激光三角形法、投影光栅法、CT（Computed Tomography）扫描、核磁共振法（Magnetic Resonance Imaging，MRI）以及自动断层扫描法。

CT 扫描是医疗上通过逐层扫描物体来获取截面数据的，然后将 CT 扫描得到的 DICOM 数据导入 Mimics、Geomagic、Imageware、Surfacer 等软件中进行设计优化，最后根据所建模型的用途输出相应的格式文件。当利用 Surfacer 软件进行优化设计时，利用鼠标对图像进行切割，提取外形轮廓，而后进行相关的设计处理，最终输出相应的数据文件格式，一般为 STL 格式。

核磁共振技术主要是基于拉莫尔定理，从测得的信号中对某种参数及其相关的图像进行重现恢复。自动断层扫描法是通过对样件进行逐层的机械式切削来自动摄取每一层轮廓影像，再通过对轮廓影像进行分析来提取相应的轮廓数据。

2.3.6　3D 扫描获取三维模型数据文件

3D 打印最直接的模型获取方式是 3D 扫描，3D 扫描又称为三维扫描，是利用三维扫描仪这一科学仪器来对物体或环境进行侦测并分析，得到物体的一系列数据，然后这些搜集到的数据将被用于三维重建计算，并在计算机中模拟建立出实际物体的模型。对现有的模型进行三维扫描——逆向进行模型获取的方式，如图 2-17 所示，已经在文物保护和古生物化石的保护、医学、设计、工艺制造等方面获得了进展，在工业逆向工程方面有很广阔的应用。

图 2-17　利用 3D 扫描仪扫描古文物

2.3.7　正向软件设计数据

正向设计是指通过三维设计软件进行的设计，这是最重要、应用最广泛的数据来源。3D 打印使用的软件设计方法主要分为实体建模和曲面建模。实体建模一般适用于制造领域和工业设计，主要是对形状规则的物体进行建模，对于形状不规则的、精细的、复杂的设计有些不能胜任，如设计复杂的动漫形象，而曲面建模正好相反。一般的设计软件都是综合这两种建模方法来得到最理想的设计效果。

目前，各类商业化的 3D 设计软件已得到广泛应用，其大致可以分为两类：行业性 3D 设计软件和通用全功能性 3D 设计软件。

1. 行业性 3D 设计软件

（1）Solidworks　Solidworks 属于法国达索（Dassault SystemesS.A）公司，Solidworks 帮助设计师减少设计时间，增加精确性，提高设计的创新性。能保存的文件格式有*.slprt、JPEG、STEP、IGES、PART 等。

（2）CATIA CATIA 也属于法国达索（Dassault SystemesS.A）公司，是高端的 CAD/CAE/CAM 一体化软件。生成的文件格式为 IGS、Part、Model、STL、IGES、CATPart、CATProduct 等。

（3）UG UG（UnigraphicsNX）是 Siemens 公司出品的一款高端软件，目前已经成为模具行业三维设计的主流应用之一。能输入和输出的文件格式有 PRT、Parasolid、Step、IGES 等。

（4）AutoCAD AutoCAD 是 Autodesk 公司的主导产品，用于二维绘图、详细绘制、设计文档和基本三维设计，现已经成为国际上广为流行的绘图工具。

（5）Pro/E Pro/Engineer（简称 Pro/E）是美国 PTC 公司研制的由设计至生产的机械自动化软件，文件格式有 IGES、ACIS（.sat）、DXF、VDA、SET、STEP、STL、VRML、I-DEAS（.mfl 和.pkg）等。

（6）Cimatron Cimatron 是以色列 Cimatron 公司（现已被美国 3DSystems 收购）开发的软件。该系统提供了灵活的用户界面，主要用于模具设计、模型加工，在国际模具制造业备受欢迎。

2．通用全功能性 3D 设计软件

（1）3DS Max 3D Studio Max，简称为 3DS Max，是当今世界上销售量最大的三维建模、动画及渲染软件。

（2）Maya Maya 是世界顶级的三维动画软件，应用对象是专业的影视广告、角色动画和电影特技等。3DS Max 和 Maya 现都已被美国 Autodesk（欧特克）公司收购，成为 Autodesk3D 打印行业布局的一部分。

（3）Rhino Rhinocero 简称为 Rhino，又叫作犀牛，它的基本操作和 AutoCAD 有相似之处，其设计和创建 3D 模型的能力是非常强大的，特别是在创建 NURBS 曲线曲面方面功能强大，

（4）Cinema 4D Cinema 4D（C4D）是德国 Maxon 公司的 3D 创作软件，在苹果机上用得比较多，特别是在欧洲、美国、日本为最受欢迎的三维动画制作工具。

（5）SketchUp SketchUp 主要的特点就是使用简便，人人都可以快速上手。并且用户可以将使用 SketchUp 创建的 3D 模型直接输出至 Google Earth 里，是三维建筑设计方案创作的优秀工具。

（6）Poser Poser 是 Metacreations 公司推出的一款三维动物、人体造型和三维人体动画制作的极品软件。Poser 能为三维人体造型增添发型、衣服和

饰品等装饰，让人们的设计与创意轻松展现。

（7）Blender　Blender 是一款开源的跨平台全能三维动画制作软件，提供从建模、动画、材质、渲染到音频处理、视频剪辑等一系列动画短片制作解决方案。

（8）FormZ　FormZ 是一个备受赞赏，具有很多广泛而独特的 2D/3D 形状处理和雕塑功能的多用途实体和平面建模软件。

（9）Light Wave 3D　美国 NewTek 公司开发的 Light Wave 3D 是一款高性价比的三维动画制作软件，它的功能非常强大，是业界为数不多的几款重量级三维动画软件之一。

（10）Mudbox　Mudbox 是 ZBrush 的直接竞争对手。和 ZBrush 相类似，直接将黏土雕刻的概念纳入 3D 建模软件的领域。

（11）Inventor　Autodesk Inventor 是由 Autodesk 开发的用于创建数字机械固体原型的 3D 建模软件。它使用户能够生成准确的 3D 模型，以帮助在构建产品之前设计、可视化并模拟产品。

（12）Fusion 360　Fusion 360 是具有专业功能的 3D CAD/CAM 软件工具，和其他专业的建模软件相比更加人性化。涵盖了规划、测试和执行 3D 设计的整个过程。

（13）ZBrush　美国 Pixologic 公司开发的 ZBrush 软件是世界上第一个让艺术家感到无约束自由创作的 3D 设计工具。在第 3 章中将会以 ZBrush 软件为例，详细介绍 ZBrush 软件 3D 打印建模的方法。

3．其他三维建模软件

（1）Anim8or　Anim8or 是一款三维建模和人物动画程序，允许用户创建和修改 3D 模型与内置的模型，如瓶子、几何体，可以实现挤压、拉伸和扭曲等多种动作。

（2）TopMod3D　TopMod3D 是一款开源、平台独立的 3D 建模制作软件，用户能够轻松创建多类、多层和多方位网格，也可以创建实体模型，利用各种原型来实现快速成型。

（3）Seamless 3D　Seamless 3D 是一款开源 3D 建模软件，具有强大的无缝贴图制作功能。

（4）3D Canvas　3D Canvas 是一款功能强大的 3D 建模与动画创作工具，简单易上手。用户可以通过导入各种简单的 3D 模型来创建复杂模型。

（5）FreeCAD　FreeCAD 是一款通用开源的 3D 建模软件，既能用于机械工程与工业产品设计，也能应用于建筑等领域。

（6）K-3D　K-3D 是基于 GNU/Linux 和 Win32 的一套三维建模、动画和绘制系统，可用于 3D 动画制作与渲染。

（7）Zmodeler 2　Zmodeler2 是一款常用的 3D 建模工具，它能够创建各种复杂的模型，它主要可用于计算机游戏模型的制造。很多游戏爱好者都倾向于用这款工具来制作游戏模型。

（8）Wings 3D　Wings 3D 是一款开源的 3D 建模软件，适合创建细分曲面的模型。

（9）FaceGen Modeller　FaceGen Modeller 是一款制作参数化 3D 人像的工具。它带来了角色建模的全新概念，数字人物、动物、植物都可以用参数来制作。

（10）Autodesk Maya Complete　Autodesk Maya Complete 具有 3D 动画、建模、模拟和渲染等功能，可以为设计人员提供一套完备的创意工具。软件功能完善，易学易用，渲染真实感极强。

（11）3DPlus2　3DPlus2 是一款功能强大的 3D 设计软件，用户无须进行复杂的操作，就可以创建优秀的 3D 模型。即使用户没有任何经验，也可以快速上手。

（12）EDrawings　EDrawings 可以查看、发布、共享和存档 2D 和 3D 产品设计数据。可以利用快速、可靠且方便的 eDrawings 文件，准确展现 CAD 软件所创建的 3D 模型。

（13）Art of iIusion　Art of iIusion 是一款使用 Java 语言编写的开源 3D 建模和渲染软件，可以创建高质量的 3D 模型，极具真实感，还可以对带有纹理的材料进行编辑。

（14）LEGO Digital Designer　LEGO Digital Designer 是乐高公司推出的一款 3D 模型制作软件，操作也非常简单。程序中配备了各种乐高数字积木组，用户可以自由组合。

（15）OpenFX　OpenFX 是一个开源的三维建模、动画和渲染套件，包括了一个强大的渲染和光线跟踪引擎。

（16）Vue Pioneer　Vue Pioneer 为建模、动画和渲染等 3D 自然环境设计提供最高级的解决方案。

（17）CB Model Pro　CB Model Pro 的设计理念是能够直接对表面进行操作。这是一款科学而高效的 3D 建模软件，它能够同制作流水线完美结合。

（18）Design Workshop Lite　Design Workshop Lite 是一款在建筑设计上十分强大的 3D 建模软件，拥有独特的界面，简单易懂。

（19）BRL-CAD　BRL-CAD 是一款开源的跨平台辅助设计（CAD）系统。它可以进行几何编辑和几何分析，进行图像处理和信号处理，并且支持分布式网络。

（20）GDesign 2.0　GDesign 2.0 是一款 Windows 下可以免费进行 2D/3D 艺术设计的应用程序。可以进行交互生成、测试和修改复杂的模型。

（21）Autodesk Softimage Mod Tool　Autodesk Softimage Mod Tool 是专为游戏开发者制作的 3D 建模软件。设计者可以随心所欲地创建 3D 人物、道具及卡通形象。软件还提供了互动性的界面，为设计者们准备了从创建人物开始的系统化教程。

（22）MeshLab　MeshLab 在 3D 建模和数据处理领域享有盛誉。它可以帮助用户处理在 3D 扫描时产生的典型无特定结构模型，还提供了一系列编辑工具，使用户能够清洗、筛选和渲染大型结构的三维三角网格。

此外，还有一些不太常见的获取 3D 打印文件的方法，比如第 1 章中提到的利用 VR 建模、脑波建模、从游戏中提取建模文件等方法。

第3章

ZBrush 建模软件实例讲解

3.1 了解 ZBrush

3.1.1 ZBrush 简介及应用行业

ZBrush 是一款数字雕刻和绘画软件，功能强大和工作流程直接，界面简洁，激发艺术家创作力的同时，解放了艺术家们的双手和思维，颠覆了仅仅依靠鼠标和参数来进行三维设计的传统工作模式。

ZBrush 在 3D 行业方面主要应用在电影和视频游戏，同样还适用于设计、珠宝、插画、3D 打印、广告和其他很多行业。在建模方面，ZBrush 是极其高效的建模器，进行了相当大的优化编码改革，与独特的建模流程相结合，可以让制作者做出令人惊讶的复杂模型，能够雕刻高达十亿多边形的模型。从中级到高分辨率的模型，任何雕刻动作都可以瞬间得到回应，使三维动画中复杂和耗费精力的角色建模和贴图工作变得简便易行。

ZBrush 是一款 CG 软件，它优秀的 Z 球建模方式，不但可以做出优秀的静帧，而且也参与了很多电影特效、游戏的制作过程，如次时代游戏《战争机器》《刺客信条》《使命召唤》《彩虹六号》和一些著名的电影《加勒比海盗》《指环王》《阿凡达》《黑夜传说》中都有 ZBrush 软件的应用，如图 3-1 所示。

图 3-1　ZBrush 在电影中的应用

ZBrush 不仅是 3D 数字雕刻软件，还是 2D 绘图软件，为使用者提供了多种绘画功能，使其可以自由进行构思，在短时间内可以粗略地画出想法；高级传统绘画扩展提供了纸张模拟和传统笔刷，如炭笔、水彩笔和各种各样的铅笔功能。

　　ZBrush 在广告业上，帮助从业者快速创建 3D 原型和广告特效，可以在客户会议中进行快速头脑风暴和迭代，在 3D 空间里的素描使项目在客户脑海中变得形象，如图 3-2 所示。

　　ZBrush 广泛应用于科学、医疗领域，如在汽车设计方面因其有机建模而闻名，可以在短时间内概略画出车体，并赋予其漂亮的轮廓，它是创建未来概念汽车的理想工具，如图 3-3 所示。在医疗方面，Zbrush 用于人体模型的创作，可以将模型雕刻得非常细致，无论是结构还是肌肉走势都很清晰地展现出来，帮助人们更加直观和深刻地认识人体。

图 3-2　ZBrush 在广告业上的应用　　　　图 3-3　ZBrush 在汽车设计上的应用

3.1.2　ZBrush 与 3D 打印

　　在 3D 打印领域，ZBrush 软件打破了真实与虚拟之间的界限，每一个使用者都能将数字形象艺术从计算机输出到 3D 打印机打印出来，获得实体的模型。ZBrush 和 3D 打印机结合，会带领使用者进入过去无法想象的创造性领域，如艺术作品、日常物品、玩具和机械设备等。让艺术家们有机会在短短时间里，从头脑中的创意概念转到真实世界的模型创作，不像以前的传统制造方法那样，需要几周甚至几个月的时间。ZBrush 的可靠性和通用性也使其成为 3D 打印爱好者喜欢的工具软件之一，被用来创建数字草图、原型、概念、珠宝设计、艺术玩具、关节玩具、人像和小雕像等，如图 3-4 所示。

　　尤其近些年在珠宝设计领域，首饰设计师发现使用传统的 CAD 软件或基于 NURBS 的软件有一些限制而无法达到他们的设计要求。但使用 ZBrush 软件来制造环形结构就像使用蜡质雕刻一样容易，可以无限地开发、变化和尝试，并将其通过 3D 打印机打印出来，图 3-5 所示为我国知名剧组设计的戒指道具。

图 3-4　ZBrush 设计并 3D 打印的小雕像　　　　图 3-5　我国知名剧组设计的戒指道具

　　ZBrush 在 3D 打印方面的优势还在于，可以通过 ZBrush 软件和 3D 扫描配合快速获得准确数字文件。随着高精度 3D 扫描仪的发展，ZBrush 软件提供了所有必要的工具来清理和修复扫描数据，对模型数字化而不丢失细节，然后使用 3D 打印机将模型打印出来，以便进行科学研究，如法医基于打印的骨骼对其形体面貌进行重建和文物修复，从现实世界转到数字世界再返回真实的世界，这种能力已经直接将 ZBrush 推向科学和医疗改革的前沿，在整形医学和牙科领域已经有很多成功的案例，如病人的下巴可以通过 3D 扫描，再通过 ZBrush 软件修整并导出模型的数字文件，利用 3D 打印机复制，医生通过手术进行修复，如图 3-6 所示。

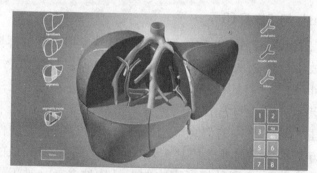

图 3-6　ZBrush 与科学和医疗结合

3.2　ZBrush 界面与基本功能

3.2.1　ZBrush 软件工作布局及界面

　　下面以 ZBrush 软件 4R7 版本为例，其工作布局及界面如图 3-7 所示，主要由菜单栏、工具架、左右侧导航、托盘、画布和切换预设界面等几个部分组成，如图 3-7 和图 3-8 所示。

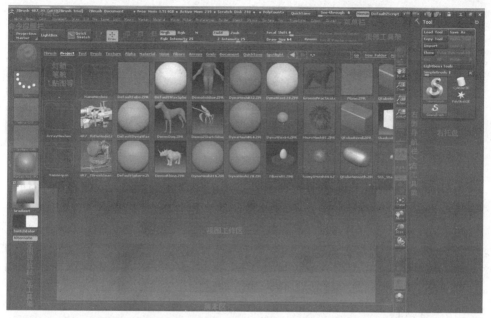

图 3-7   ZBrush 工作布局及界面

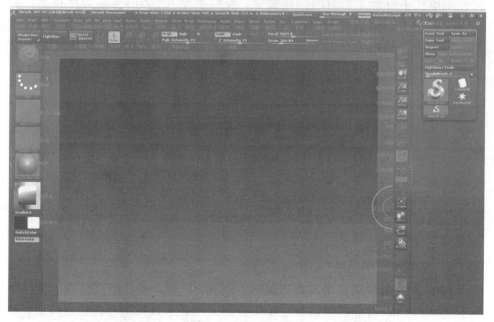

图 3-8   ZBrush 界面

1. 标题栏和顶部工具架

标题栏位于 ZBrush 操作界面的最顶端,从左到右显示了版本信息、用户名称、文档名称、内存使用量，以及剩余内存大小空间、操作时间和一些功能按钮，也包含了程序图标、最大化、最小化、恢复和关闭按钮，如图 3-9 所示。

图 3-9　标题栏

ZBrush 的顶部工具架中放置了最常用的命令和控制选项，如移动、缩放、旋转、画笔的大小控制和 Z 强度的控制等，操作时能提高效率，如图 3-10 所示。

图 3-10　工具架

2．菜单栏

菜单栏中包含了所有的操作命令，按照字母 A～Z 的先后顺序排列，单击菜单选项卡可以展开面板，第一个面板是 Alpha，最后一个是 ZScript 面板，每一个面板的控制都和该面板的主要内容有关。ZBrush 操作所需的屏幕分辨率较高，当显示器没法达到所需分辨率时，菜单就会智能化地分两行显示，如图 3-11 所示。

图 3-11　菜单栏

3．左右工具架

工具架中放置了一些常用工具，如编辑绘画按钮、笔刷尺寸滚动条和笔刷强度滚动条等。

4．左侧和右侧导航

ZBrush 左侧导航栏中放置了画笔、笔触、纹理、材质和调色盘等控件空间按钮。ZBrush 右导航栏放置了用来控制画布显示效果的各种快捷按钮，如模型的放大、缩小、移动和旋转等。

5．托盘

ZBrush 中托盘用于存放菜单栏中各项命令的下拉面板或按钮，存在于画布的左右，在默认情况下，工具面板存放在托盘上，便于快捷操作。

6．画布

ZBrush 界面的中心是画布，也是最主要的部分，所有的菜单、按钮和托盘都围绕在画布的周围。ZBrush 的控制按钮在使用者需要时才会被激活。它们被成组地放置在界面顶部上面，也分别被放在画布左右边缘的托盘上。

7．切换预设界面

单击切换预设界面，操作者可以切换到自己喜欢的界面。

3.2.2　ZBrush 软件标题栏

Menus Menus（菜单）：用于开启或者关闭菜单栏界面的显示。默认情况下是激活的，以橘黄色高亮显示。用鼠标左键单击该按钮，可以关闭菜单栏。

DefaultZScript DefaultZScript（默认脚本）：使用鼠标左键单击将回到 ZBrush 初始界面。可以通过这种方式返回初始界面，并且当前编辑的物体不会丢失。

（界面颜色切换）：使用鼠标左键分别单击左右两个按钮，可以在 ZBrush 软件已定制好的界面颜色之间切换，可以任意选择喜欢的界面颜色，如图 3-12 所示。

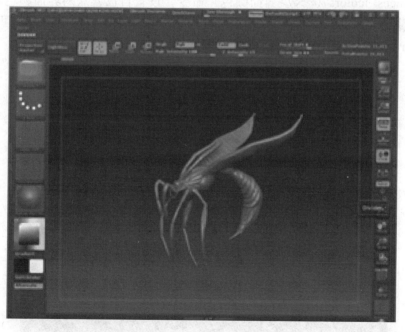

图 3-12　界面颜色切换

图 3-12　界面颜色切换（续）

ZBrush 允许用户自定义自己喜欢的界面颜色，可以在菜单栏中单击 Preferences>Icolors（参数>界面颜色）命令，设置自己喜欢的界面颜色。

（界面 UI 切换）：使用鼠标左键分别单击左右两个按钮，可以在 ZBrush 软件已经定制好的界面空间之间切换，如图 3-13 所示。

图 3-13　界面 UI 切换

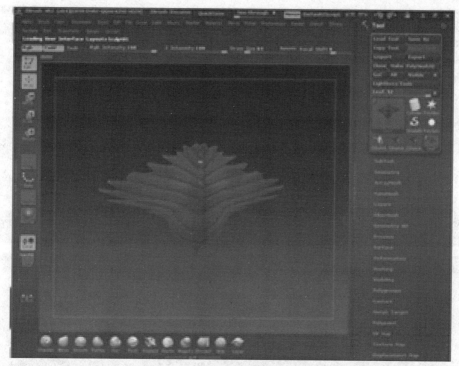

图 3-13　界面 UI 切换（续）

　　初学者不推荐轻易使用"界面 UI 切换"命令，以免在学习中找不到相应的命令，引起很多麻烦。

　　ZBrush 界面可以通过鼠标拖动边缘来改变界面大小，通常情况下 ZBrush 的界面显示大小为分辨率 1280×1024 ppi，如果界面显示过小，在使用某些工具时会出现意想不到的情况。

3.2.3　ZBrush 顶部工具架

　　Projection Master（投影大师）：当单击"Projection Master"按钮时，它会提示用户需要选择 3D 工具，它是 ZBrush 的一个独特功能，也是一个内置插件，该功能可以让用户使用所有的 2D 和 2.5D 笔刷工具在 3D 模型上进行雕刻、纹理绘制和其他的操作。

　　LightBox（灯箱）：显示 ZBrush 中默认提供的原有模型，它相当于一个查看器。ZBrush 的这一功能，还可以快速建模和快速打开以前做过的模型的目录箱，当启动软件时，出现 LightBox 按钮可以随时快速找到建模需要的模块和快速保存过的模型。一般开启软件后由于它占用视图空间大，单击"LightBox"按钮即可隐藏，如图 3-14 所示。

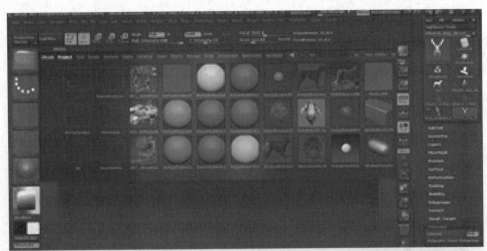

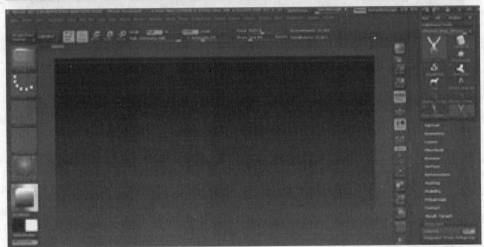

图 3-14　Light Box 灯箱

　　Edit（编辑）：在雕刻 3D 模型时，模型只有在 Edit（编辑）模式下才是 3D 的，也只有在这种情况下才可以对当前的模型进行编辑操作，如果退出了"编辑"模式，模型会转变为 2.5D 的数据，就不能对当前的模型再进行编辑操作，只能进行类似二维软件的绘制操作。

　　Draw（绘画）：绘制按钮，打开此按钮可以对模型进行绘制。

　　Move、Scale、Rotate（移动、缩放、旋转）：移动、缩放和旋转工具。

　　：RGB、材质及强度的控制按钮。

　　：控制雕刻笔刷凹凸以及强度的按钮。

　　：笔刷的衰减及大小控制。

3.2.4 ZBrush 菜单栏

1．ZBrush 菜单功能

ZBrush 菜单栏包括的面板比较多，接下来对其功能进行概括介绍，可以在建模操作中逐步学习各个菜单栏的应用。

Alpha：导出和处理 Alpha，用作笔刷形状、镂花模板和纹理图章的灰度图像选项。

Brush：包含 3D 雕刻和绘画工具。

Color：用于选择颜色及使用颜色或材质填充模型的选项。

Document：用于设置文档窗口大小以及从 ZBrush 导出图像的选项。

Draw：定义笔刷如何影响表面的设置。包括 ZIntensity、RGB Intensity、ZAdd、ZSub 以及特定于 2.5D 笔刷的设置。此菜单还包括透视相机的设置。

Edit：包括 UNDO 和 REDO 按钮。

File：主要是针对所做文件的管理。

Layer：用于创建和管理文档图层的选项。这些选项与雕刻图层不同，通常只用于画布建模和插图。

Light：创建和放置灯光以照亮主体。

Macro：为了轻松地重复，将 ZBrush 操作记录为按钮。

Marker：此菜单是为了 Multimarkers 而设置。

Material：Surface 明暗器和材质的设置。包括标准材质和 MatCap（材质捕获）材质。

Movie：用于用户录制雕刻期间的视频以及让完成的雕塑呈现出旋转状态。

Picker：关于笔刷如何处理表面的选项。Flatten 是一个受 Once Ori 按钮和 Cont Ori 按钮影响的雕刻笔刷。在雕刻中通常不使用这些选项。

Preferences：设置 ZBrush 首选项。从界面颜色到内存管理都在此设置。

Render：在 ZBrush 内渲染图像的首选项。此菜单只在制作 2.5D 插图时使用。

Stencil：与 Alpha 菜单有紧密联系。Stencil 允许用户操作已经转换为模板的 Alpha，从而帮助绘制和雕刻细节。

Stroke：管理以何种方式应用笔刷笔画的选项。这些选项包括 Freehand 笔画和 Spray 笔画。

Texture：通过 ZBrush 创建、导入和导出纹理贴图的菜单。

Tool：这是 ZBrush 的主要部分。此菜单包括影响当前活动 ZTool 的所有选项。此处有 SubTools、Layers、Deformation、Masking 和 Polygroup 选项以

及许多有用菜单。使用 Tool 菜单可以选择进行雕刻的工具以及为画布建模和插图选择各种 2.5D 工具。

Transform：包含文档导航的选项，如 Zoom 和 Pan 以及改变模型的坐标轴点和雕刻的 Symmetry 设置以及 Polyframe 视图按钮。

Zplugin：用于访问到 ZBrush 中的插件。在此处可发现 MD3，它可用于创建置换贴图，还可找到 ZMapper 和其他有用的工具。

ZScript：用来记录保存和载入的 ZScript 的菜单，通过 ZBrush 脚本的编写，可以为 ZBrush 添加新的功能。

2．菜单中的面板操作

单击面板的名字就可以打开该面板，将鼠标从面板上移开就可以关闭该面板，如图 3-15 所示。

在菜单栏中单击面板的名字就可以打开该面板到默认位置，即右边的托盘，如图 3-16 所示。

图 3-15　Marker 菜单

图 3-16　Texture 菜单

还可以手动将面板放置在界面左右托盘上。将鼠标移至 ⟳，当光标呈现四个箭头时按住鼠标左键拖动至想要放置的地方（有橘色长条框作为提示）。此时的 Color 面板已经移动到左边的托盘，如图 3-17 和图 3-18 所示。

将鼠标从面板上移开就可以关闭该面板，或者将鼠标移至"关闭按钮"按住鼠标拖拽至 ZBrush 工作区域，也可以关闭该面板（这些菜单调色盘面板并没有被删除，只是暂时离开左右托盘），如图 3-19 所示。

如果要学习更多的 ZBrush 相关知识，可以使用在线帮助，按下 <Ctrl> 键，将鼠标悬停在界面的项目上，能够看到该项目的英文介绍，如图 3-20 所示。

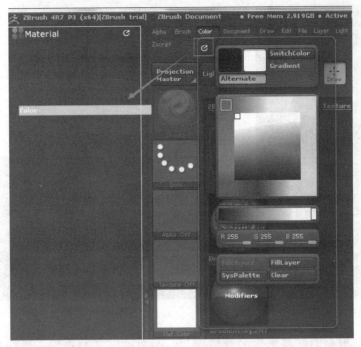

图 3-17　托盘标

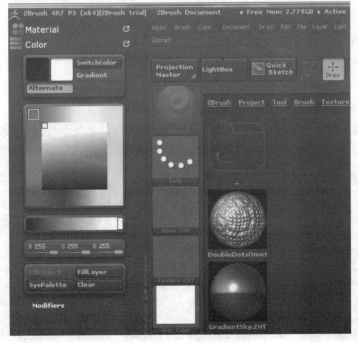

图 3-18　放置托盘

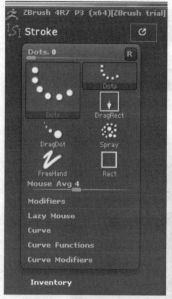

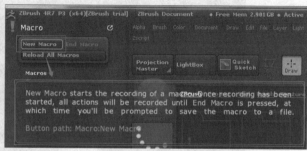

图 3-19　关闭托盘　　　　　　　　图 3-20　在线帮助

　　滚动面板有的时候面板会变得很长，有可能底部看不到。操作者可以卷动面板来观看底部的菜单。用鼠标单击面板的空白处向上向下拖动就可以滚动面板，如图 3-21 所示。

3．ZBrush 菜单命令之 File

　　File 菜单主要是针对用户所做文件的管理。在该面板中允许用户以 ZPR 格式打开以前所保存的文件，同时还可以将场景所有物体和命令设置一起保存。File 菜单界面中英文对照如图 3-22 所示。

图 3-21　滚动面板　　　　　　　　图 3-22　File 菜单界面中英文对照

File（菜单）各命令参数按钮的功能如下：

Open（打开命令）：将打开以前所保存的工程目录（快捷键为 Ctrl+O），工程目录在保存时，会把这个场景中的所有物体和命令设置一起保存（工程目录的文件格式为 ZPR。文件模型的格式为 ZTL。工程目录与 Maya 等软件中的方式类似）。

Save as（场景另存为）：这个命令同样是保存工程目录，并非 Tool 里面的保存模型。

Revert（恢复原状）：当打开一个工程目录时，里面的模型或者参数有了改变，这时就可以单击这个命令，把这个工程目录恢复到刚打开的样子。

Canvas（画布）：这里面的命令与 Document 里面的命令相同，可以参考 Document 里面的相关命令。

Tool Mesh（多边形工具）：这里面的工具与右边托盘里面的工具一样。

Time Line（时间线）：是 ZBrush 里面的时间线，上面的小圈是关键帧，如图 3-23 所示。

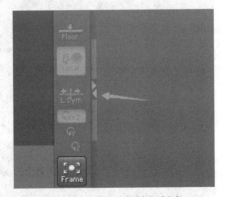

图 3-23　时间线

Spot Light（灯光）：保存和打开灯光。

Texture（贴图）：打开和保存贴图。

Alpha（通道）：保存和打开通道。

3.2.5　ZBrush 托盘

托盘存在于画布的左右，用来存放面板或按钮，在默认的情况下工具面板存放在托盘上。打开托盘，单击托盘和画布之间的双重箭头。关闭托盘，再次单击那个双箭头。原来托盘中的面板和按钮仍然存在，只是被隐藏，如图 3-24 所示。

移除面板中的托盘请参考"菜单中面板的操作"，移动面板到托盘，打开面板单击左上角的 圆圈。这个圆圈称为面板的把手，单击它就可以将面板移动到开放的托盘。从托盘去除面板，再次单击这个把手即可。

图 3-24　打开和关闭托盘

3.2.6　ZBrush 的快捷菜单

　　想要快速地、熟练地操作 ZBrush，可以通过快捷菜单来实现。在视图区按住键盘上的空格键，当前鼠标所在位置会弹出快捷菜单，可以选择任意选项进行操作。快捷菜单中设置了多项使用频率较高的功能，在顶部工具架和左右工具架都可以找到，如图 3-25 所示。

图 3-25　快捷菜单

　　当按键盘上的<Tab>键时，顶部工具架和左右工具架将被隐藏，可以使视图区最大化，观察更为直观。在这种情况下使用快捷键菜单，能充分发挥快捷菜单的功能，如图 3-26 所示。

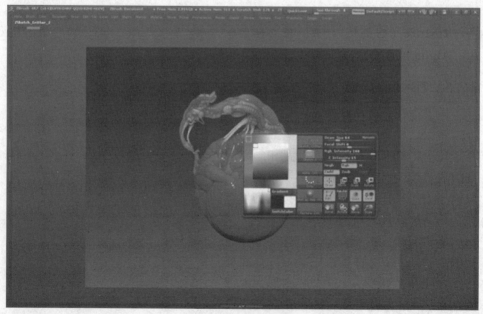

图 3-26　视图区最大化

3.2.7 ZBrush 快捷键与鼠标操作"中英文对照"

ZBrush 除了菜单栏功能按钮，还提供了一系列快捷键与鼠标操作，熟练掌握 ZBrush 快捷键与鼠标操作，可以帮助操作者大大节省图形创作时间。表 3-1 所示为快捷键与鼠标操作的具体指令及其对应的作用。

表 3-1　快捷键与鼠标操作的具体指令及其对应的作用

指令	作用
F1	工具 Tools
F2	笔刷 Brushes
F3	笔触 Strokes
F4	Alphas
F5	纹理 Textures
F6	材质 Materials
shift+F1	工具菜单
shift+F2	笔刷菜单
shift+F3	笔触菜单
shift+F4	Alpha 菜单
shift+F5	纹理菜单
shift+F6	材质菜单
空格	显示快捷菜单 Show Quick Menu
G	映射大师 Projection Master
Ctrl+G	ZMapper
Ctrl+F	填充层 Fill Layer
Ctrl+O	打开文件 Open Document
Ctrl+S	保存文件 Save Document
S	笔刷大小 Draw Size
O	焦点调节 Focal Shift
I	色彩强度 RGB Intensity
U	Z 强度 Z Intensity
P	透视视图 Perspective
)	笔刷大小增加 10 单位 Increase Draw Size by 10 units
(	笔刷大小减小 10 单位 Decrease Draw Size by 10 units
Ctrl+Z	撤销 Undo
Shift+Ctrl+Z	重做 Redo
Ctrl+N	清理图层 Clear Layer
Ctrl+F	填充图层 Fill Layer
Ctrl+B	烘培图层 Bake Layer
M	放置标记 Place Marker
Ctrl+M	移除标记 Remove Marker
Shift+Ctrl+R	渲染所有 Render All

（续）

指令	作用
Ctrl+R	鼠标指针选择渲染 Cursor Selective Render
Alt+H	开启模板 Stencil On
Ctrl+H	隐藏显示模板 Hide Show Stencil
空格	圆形控制器 Coin Controller
纹理面板 Texture Palette	
Shift+Ctrl+F	CropAndFill
Shift+Ctrl+G	Grab Texture From Document
工具面板 Tool Palette	
Shift+Ctrl+T	存储工具 Save Tool
Ctrl+D	细分 Divide
Shift+D	进入低一级分辨率 Lower Res
D	进入高一级分辨率 Higher Res
Ctrl+E（需隐藏部分网格）	边缘加环 Edge Loop
A（鼠标指针放在网格物体上）	切入/出 HD 雕刻模式 Toggle in/out of HD Sculpting mode
Ctrl+H	查看、隐藏遮罩 View Mask
Ctrl+I	反选遮罩 Invert Mask
Shift+Ctrl+A	清除遮罩 Clear Mask
Ctrl+A	遮罩所有 Mask All
A	预览适应的皮肤 Preview Adaptive Skin
X	激活对称 Activate Symmetry
Q	绘制指示器 Draw Pointer
W	移动 Move
E	缩放 Scale
R	旋转 Rotate
T	编辑 Edit
F	网格物体居中 Center Mesh in Canvas
Shift+F	显示多边形结构 Draw Polyframe
Ctrl+Shift+M	套索选择模式 Lasso Selection Mode
0（数字零）	实际大小 Actual Size
Ctrl+0	抗锯齿一半大小 Antialiased Half Size
'+'（加号）	放大 Zoom In
'–'（减号）	缩小 Zoom Out
Shift+Ctrl+L	加载 Z 脚本 Load ZScript
Ctrl+U	重新加载 Z 脚本 Reload ZScript
H	隐藏 Z 脚本 Hide ZScript
单击并在背景上拖动	自由旋转 Free Rotate
Alt+单击并在背景上拖动	移动 Move

（续）

指令	作用
单击+拖动，按 Shift	约束到 90°旋转 Constraint to 90-degree Rotation
Alt+单击，松开 Alt，在背景上拖动	缩放 Scale
Shift，单击，松开 Shift，拖动	绕 Z 轴旋转 Rotate Around Z-axis
按住 Ctrl	在物体上绘制遮罩 Paint Mask on Object
按住 Ctrl+Alt	删除或绘制反遮罩 Delete or Paint Reverse Mask
Ctrl+单击背景	反转遮罩 Reverse Mask
Ctrl+单击+背景上拖动	清除遮罩 Clear Mask
Ctrl+单击，松开 Ctrl，拖动（始于网格物体）	恒定强度的遮罩 Constant-intensity Mask
Ctrl+单击并拖动（始于网格物体，关闭套索模式）	透明度遮罩 Alpha-intensity Mask
Ctrl+在网格上单击	虚化遮罩 lur Mask
Shift+Ctrl+单击并拖动	显示部分网格 Show Mesh Portion
Shift+Ctrl+单击，松开 Shift，拖动	隐藏部分网格 Hide Mesh Portion
Shift+Ctrl+单击背景	显示全部网格 Show Entire Mesh
Shift+Ctrl+单击	显示被选择的网格组 Show Only Selected Polygroup
Shift+Ctrl+单击	隐藏被选择的网格组 Hide Selected Polygroup
Shift+Ctrl+在背景上单击并拖动	反相可见性 Reverse Visibility
在 Z 球上拖动	加子 Z 球 Add a Child ZSphere
Alt+单击 Z 球	删 Z 球 Delete ZSphere
Shift+单击	加等大子 Z 球 Add a Child ZSphere at Same Size
开始拖动，按 Ctrl	加笔刷大小的 Z 球 Add a Child ZSphere at Draw Size
Alt+单击链接球	定义磁性球/打断网格 Sphere Define Magnet/Break Mesh
单击链接球	插入 Z 球 Insert ZSphere
W	移动模式 Move Mode
拖动 Z 球	移动 Z 球 Move ZSphere
Alt+拖动链接球	摆姿势 Pose（Natural-linked Move）
拖动链接球	移动链接 Move Chain
拖动 Z 球	缩放 Z 球 Scale Zsphere
Alt+拖动链接球	链接充气/放气 Inflate/deflate Chain
拖动链接球	缩放链接 Scale Chain
拖动 Z 球	捻转（滚动）链接 Spin Chain
Alt+拖动链接球	控制扭动 Control Twist
拖动链接球	旋转链接 Rotate Chain

3.2.8　ZBrush 笔刷

1．ZBrush 笔刷库

单击左托盘的笔刷图标，弹出一个笔刷库，其中有许多常用笔刷，以下为基本功能介绍：

Blob：产生随机起伏，常配合 Strokes 中的 Spray 使用，用于制作水泥、岩石等粗糙表面。

Clay：用法类似素描排线，一般沿肌肉纤维走向。

Elastic：笔画得越快，起伏越大；越慢则越平。

Flatten：压平表面。BrushMod＞0 会凸出，BrushMod＜0 则陷下。

Gouge：凿坑笔刷。

Inflat：膨胀笔刷，沿物体表面法线加高，笔刷连续，遇到法线相对的表面可将表面靠拢。

Layer：一笔连续画出等高的凸起，笔画相交不会叠加。

Magnify：鼓包笔刷，有点像 Inflat 笔刷，但是遇到法线相对的表面会撑开。

MalletFast：类似刨刀的效果，适合做坚硬的岩石。

MeshInsert Dot：模型无细分才能使用。事先要在 Brush 菜单下找到"MeshInsert"按钮，选择一个要插入的模型。

Morph：首先雕刻一个造型，点 Tool/Morph Target/storeMT，然后再改变造型。选择 Morph 笔刷在模型表面涂抹，涂抹过的区域会变成储存过的第一个造型，如半人半机器的终结者角色可用此法制作。

Move：移动笔刷。

Nudge：涂抹笔刷，用此笔刷改变网格制作的细节无法体现在置换贴图中。

Pinch：收紧笔刷，方便表现转折较剧烈之处。此笔刷改变网格制作的细节无法体现在置换贴图中。

Slash2：常用于衣服褶皱的制作。

Smooth：平滑并放松网格。

SnakeHook：扯出长条，前提是有足够细分。按＜Alt＞键时可以使笔刷贴合背景 SubTool 的表面。

ZProject：投射笔刷，可将一个模型的细节投射到另一个模型上，先在画布中放置一个模型作为样本，取消 Edit 模式，再把需要雕刻的模型加进来，激活 Edit 模式后，单击"Move"按钮，左键从要雕刻的位置拖到样本上，再单击"Draw"按钮，使用 ZProject 笔刷在要雕刻的模型表面涂抹，便可在模型上看到样本的细节。

Standard：标准笔刷，在物体表面加高，笔画连续。BrushMod>0 类似 Pinch 效果，BrushMod<0 类似 Inflat 效果。

Brush>Elasticity 可调节弹性移动力度和范围。

Brush>Auto Masking>Topological 可以启用拓扑移动。

Clip Brushes：按下<Ctrl+Shift>选择 Stroke 和 Brush。

圆形：<Ctrl+Shift>+鼠标左键拖出圆形范围，保持左键按下时，按下空格键可以移动位置。松开左键，圆形内的部分保留。配合<Alt>键，圆形以内的部分抠掉。

Curve：<Ctrl+Shift>+鼠标左键拖出曲线，按一下<Alt>键可出现平滑拐点，按两下<Alt>键可出现尖锐拐点，松开左键，有阴影的那一侧被抠掉。配合<Alt>键，无阴影的那一侧抠掉。

2．ZBrush 常用笔刷

在学习中掌握少数上述的几种常用笔刷即可，使用频度较高的分别是：Standard（标准）笔刷、Smooth（光滑）笔刷、Move（移动）笔刷、Clay（黏土）笔刷、ClayTubes（黏土管）笔刷，如图 3-27 所示。

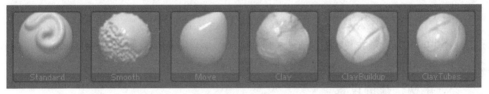

图 3-27　常用笔刷

Standard（标准）笔刷：使用 Standard 笔刷进行雕刻的时候，可以塑造出截面为半椭圆形的凸起，如图 3-28 所示。

Smooth（光滑）笔刷：在选择任何笔刷的情况下，按住<Shift>键，都会切换到 Smooth 笔刷，该笔刷可以使物体表面的形状融合，进而雕刻出较为平滑的三维表面，如图 3-29 所示。

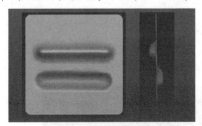

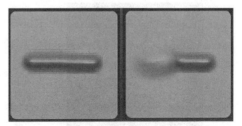

图 3-28　Standard 笔刷　　　　　图 3-29　Smooth 笔刷

Move（移动）笔刷：Move 和 Standard 不同，不能对物体表面进行连续的形变，每一次只能对不大于笔刷大小的区域进行推拉操作，但是 Move 在对形体进行调整时，有非常良好的表现，如图 3-30 所示。

Clay（黏土）笔刷：Clay 与 ClayTubes 和 ClayBuildup 笔刷一样，属于黏土类型的笔刷，该种类型的笔刷雕刻起来感觉类似传统的泥塑，就像用泥巴一层一层地添加结构，它是应用最广泛的笔刷之一。

ClayTubes（黏土管）笔刷：此笔刷可以作为 Clay 的变种笔刷，由于加载了方形的 Alpha，所以在塑造形体时，边缘更清晰，而且有层次感。

ClayBuildup：同 ClayTubes 笔刷相比，ClayBuidup 笔刷更细腻，凸起程度也更高。不同的是，Clay 和 ClayTubes 在雕刻时会使形体产生平坦的凸起，但是 ClayBuildup 会产生边界较为锐利但表面弧状的凸起，如图 3-31 所示。

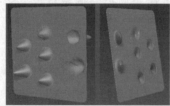

图 3-30　Move 笔刷　　　　　　　　　图 3-31　Clay 系列笔刷

所有的笔刷用法及所呈现的效果都不是一成不变的，即使一个艺术家只会用 Standard，也能创建出精美的雕刻作品。软件只是辅助性的，大家需要先了解基本的笔刷，更加重要的是了解雕塑。

3. 笔刷快捷键设置

为了便于雕刻，提高雕刻速度，ZBrush 设计了自定义笔刷，用户还可以自行设置笔刷快捷键，同时按<Alt+Ctrl>键并单击需自定义笔刷的图标。这时笔刷已进入自定义快捷键模式，按照自己的习惯设置快捷键，快捷键只限于字母键盘上方的 1～0 键，如图 3-32 所示。

设定完成后，单击"Preferences"（首选项）菜单>"Hotkeys"（热键）面板>"Store"（储存）按钮，将笔刷快捷键保存，如图 3-33 所示。

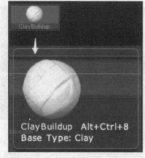

图 3-32　笔刷快捷键设置　　　　　　图 3-33　保存笔刷快捷键

给笔刷设定好快捷键后，在雕刻时就会方便快捷许多，省去很多找笔刷的时间，能大大提高工作效率。

3.3 ZBrush 建模实例

3.3.1 医疗模型——头骨模型建模过程

在 3D 打印的医疗应用中，骨骼的打印非常常见，可以通过第 2 章中的方法获取医疗三维模型，也可以利用 ZBrush 的强大功能来建立骨骼模型，适用于古化石保护、远古人类三维重建、医疗修复和美容整形等领域，如图 3-34 所示。

图 3-34　医疗头骨模型

1. 头骨模型建模所需笔刷

单击 "Tool"（工具）下的 S 形笔刷按钮，在弹出的面板中可以看到三个区域，如图 3-35 所示。

1）**Quick Pick（快速拾取）**。这里放置曾经使用和正在使用的工具，可以从这里快速选择拾取。

2）**3D Meshes（3D 网格）**。提供了 20 种 3D 网格物体（标准几何体），除了 ZSphere 工具不同，它们在用法上类似，只是造型和属性不同，这些几何体和 Maya 中的几何体用法类似，在参数设置上也很接近。

3）**2.5D Brushes（2.5D 笔刷）**。这些工具和三维模型没有关系，针对一些贴图绘制的增效画笔工具和其他一些工具，如图 3-35 所示。

在 Tool 面板单击 "Simple Brush"（缩略图），继而在弹出的物体栏里第二栏 3D Meshes（3D 网格）16 种标准几何体中，选择物体 "Sphere 3D"，单击 Tool 面板中"Make Polymesh 3D"（转为多边形物体），将球体转化为 Polymesh（多边形物体），要转为多边形物体才能进行雕刻编辑。在工作区内单击并拖动，创建一个球体。按快捷键<T>键，进入 Edit（编辑）模式对球体进行编辑，如图 3-36 和图 3-37 所示。

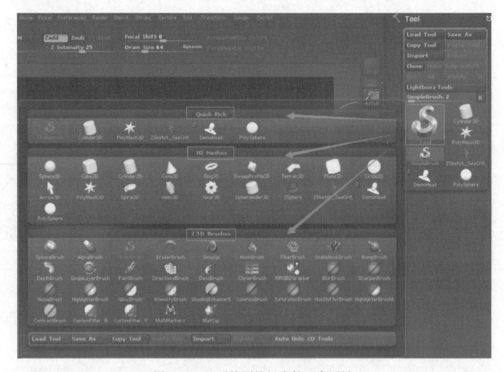

图 3-35   S 形笔刷按钮中的三个区域

图 3-36   选择物体"Sphere 3D"

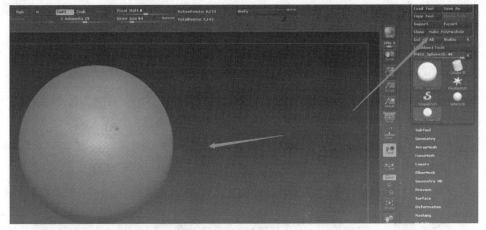

图 3-37　Tool 面板中"Make Polymesh 3D"

2．设置参考图方式

1）在上部工具栏里单击拖动"Texture"（纹理）操控菜单，将其放置到右侧托盘上，方便以后的操作，如图 3-38 所示。

2）单击"Import"（导入）按钮，导入头骨的参考图片，预览窗口可以发现载入的图片，参考图片中物体角度越多、图片清晰，参考的作用越理想，如图 3-39 所示。

3）单击刚导入的参考图片，在下方的菜单栏里找到 Image Plane（图片面板），单击"Load Image"（加载图像）按钮，选择想要用作参考的图像，由于球体模型处于 Edit（编辑）模式中，那么该图像被放到了模型后面，作为参考图背景来使用，如图 3-40 所示。

图 3-38　拖动"Texture"菜单

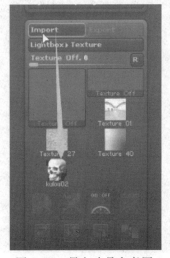

图 3-39　导入头骨参考图

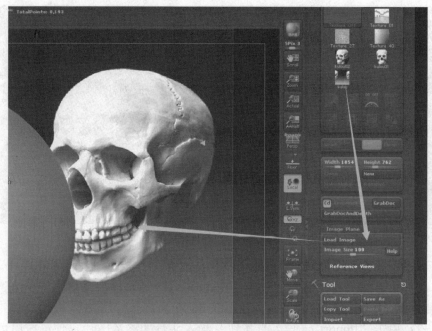

图 3-40　单击"Load Image"

4）对于背景的大小，可以采取以下方式改变，在上部工具栏里单击拖动 "Document"（文档）操控菜单，单击 "New Document"（新建文档），在弹出的问答框中，选择"否"建立一个新的画布，如图 3-41 所示。

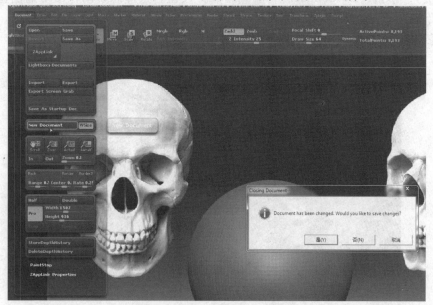

图 3-41　单击"New Document"

5）在 Pro（比例）里出现自动适配计算机的画布的宽度和高度，本机的数值为 1506×936px，如图 3-42 所示。

图 3-42　自动适配计算机分辨率

6）同上，重新建立一个球体，并将球体转化为 Polymesh（多边形物体），在 Image Plane（图片面板）中找到 Reference Views（参考视图），使用 Model Opacity（模型透明度）滑杆可以控制透明度，在后期精确雕刻头骨细节时，需要调整透明度，以便观察后面的模型参考图，如图 3-43 所示。

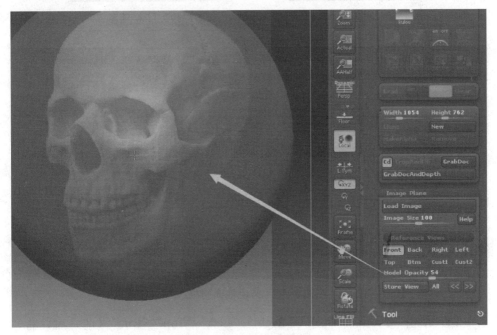

图 3-43　控制透明度

7）单击右导航栏里的"Floor"（地面网格）按钮，打开地面网格显示功能，方便观察模型的前后关系，如图 3-44 所示。

8）按之前设置的数字 3，选择"Move"（移动）笔刷，按<X>键，打开对称功能，运用"Dots"（点）笔触对大形进行调整，如图 3-45 所示。

9）调整出大体的形状后，关闭"Floor"显示，打开"Persp"（透视）显示，再进行雕刻，如图 3-46 所示。

图 3-44　打开地面网格

图 3-45　打开对称功能

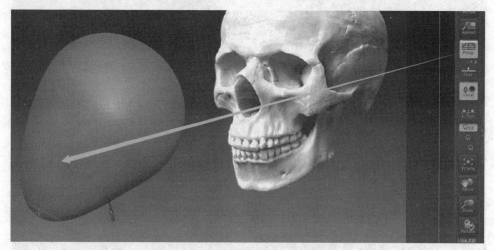

图 3-46　关闭地面网格

10）单击 "Front" "Back" "Right" "Left" "Top" "Btm"（前、后、右、左、上、下）等按钮可以切换到相应的视图，如图 3-47 所示。

11）单击头骨正面的素材图像，同上，将其加载导入背景中，调节 "Model Opacity"（模型透明度）滑杆，让模型背后的图像显现，方便从参考图对图进行操作，如图 3-48 和图 3-49 所示。

12）找到下面的 "Store View"（保存选定）视图按钮，这个功能用来保存选定视图的模型大小、位置和背景图，按<Shift>键单击此按钮，可以调整所有视图来体现模型大小的改变，如单击 "Front"（前视图），继而单击 "Store View"，如图 3-50 所示。

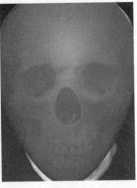

图 3-47　切换各种视图　　　　图 3-48　调节透明度　　　图 3-49　显示模型背后图像

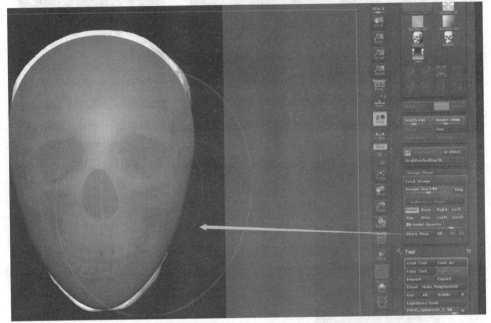

图 3-50　单击"Store View"

13）设定快捷键，按住<Ctrl+Alt>，单击"Cust1"（自定义设置），选择需要设定的快捷键，如<Alt+2>键。同理可以设定其他视图的快捷键，如果取消参考视图，在其他视图按钮上单击就可以直接取消，如图 3-51 所示。

14）以侧视图的头骨图片为例，进行视图导入和储存以及快速切换流程的连贯操作：单击"Import"（导入）按钮，导入头骨侧视图参考图片，单击"Left"（左视图）按钮，单击刚导入的参考图片，接着单击"Load Image"（加载图像）按钮加载，调整一下模型，设置快捷键为<Alt+3>键，单击"Store View"（按钮保存），这样，多个视图的精确参考以及快速切换的设定完成，如图 3-52、图 3-53、图 3-54 所示。

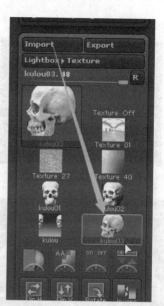

图 3-51 按住<Ctrl+Alt>设定快捷键

图 3-52 单击"Import"

图 3-53 单击"Load Image"

图 3-54 设置快捷键为<Alt+3>键

15）按快捷键<S>，或者找到顶部菜单栏的 Draw Size（画笔大小），用滑块调节画笔大小，如图 3-55 和图 3-56 所示。

图 3-55　快捷键<S>

图 3-56　菜单栏 Draw Size

16）选择 Move 笔刷 ，按<X>键，打开左右对称功能，运用 Dots（点）笔触对模型进行调整，使其与后面的侧视图、参考图匹配，如图 3-57 所示。

17）单击"Cust2"（自定义视图 2）按钮，同样方法，加载名称为"kulou"的图片，储存一个视图，如图 3-58 所示。

图 3-57　Dots 笔触

图 3-58　储存 Cust2 视图

3．五官位置确定

1）切换到四分之三视图，调整头骨的大形，首先调整脸颊、颧骨的凹陷位置，调整画笔为合适的大小，并且在材质栏里选择银白色的材质，方便对模型进行观察，接着调整牙齿等位置；切换到侧视图进行调整，如图 3-59 所示。

2）切换到自定义 2 的视图进行雕刻效果的观察，如图 3-60 和图 3-61 所示。

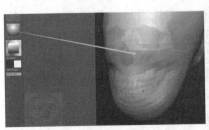

图 3-59　在材质栏里选择银白色的材质

图 3-60　Cust2 视图

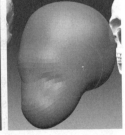

图 3-61　进行观察

3）切换回侧视图继续调整，在细微的地方将笔刷大小的数值调小，拖拽出鼻子部分，如图 3-62 所示。

4）在不同的视图切换观察并调整细节，再切换到正视图调整其大形，如图 3-63 和图 3-64 所示。

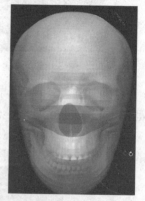

图 3-62　拖拽出鼻子部分　　图 3-63　切换视图观察　　图 3-64　切换到正视图调整

5）接下来的操作为眼睛部位的雕刻，更换 Clay 笔刷 对眼睛部位进行减选，之后切换到不同视图进行操作和观察，如图 3-65 所示。

6）用同样的方法，对头骨的各个部分进行调整，用快捷键<Shift+F>键或单击打开"Poly F"（显示线框）功能，将模型用线框栅格显示，如图 3-66 所示。

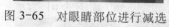
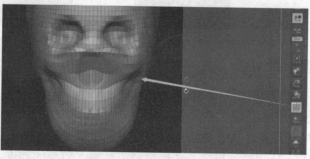

图 3-65　对眼睛部位进行减选　　　　图 3-66　打开"Poly F"功能

随着雕刻细节的增加，原有的细分面数已经不能满足细节的要求，这时采用增加模型的面数来支持雕刻，除了在 Geometry 面板可操作，还可以用 DynaMesh 面板中的 Resolution 参数来增加模型的面数设置细分等级。

Resolution 一般称为分辨率或精度，设置可以增加模型的面数或影响模型的细节。DynaMesh 细分等级是由 Resolution 控制的。当这个参数设置得越低，模型的面数越低，DynaMesh 运行的速度越快；这个参数设置越高，模型的面数越高，就可以雕刻更多的细节或更好的匹配原始模型，DynaMesh

运行的速度越慢。<u>建议在使用 DynaMesh 时，不要把 Resolution 设置得太高，因为 DynaMesh 只是在创作初期用来塑造大形，调太高了就失去原本的意义，还有计算机配置承载不住。如果想把细分调高，先关闭 DynaMesh，然后使用传统的 Divide 来提高细分。一般设置为 128 以内足够。</u>

7）在 Tool（工具）> Geometry（几何体细分）卷展栏里，找到 DynaMesh（动态网格）按钮，将 Resolution（分辨率）调为 64，单击"DynaMesh"对头骨模型进行优化运算，如图 3-67 所示。

8）上面的操作确定了头骨的轮廓，接下来，利用 Clay 笔刷在有两个头骨图像的参考视图进行雕刻，接着利用 Smooth 笔刷进行平滑处理，如图 3-68、图 3-69 所示。

9）同理，用相同的方法在下颌骨的位置进行刷取，如图 3-70 所示。

图 3-67　调整 Resolution

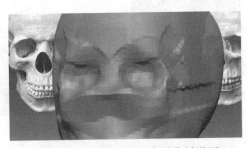

图 3-68　利用 Clay 笔刷雕刻眼眶

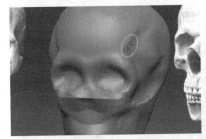

图 3-69　利用 Smooth 笔刷进行平滑处理

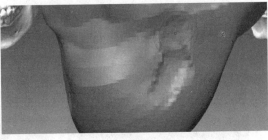

图 3-70　刷取下颌骨

10）同理，将牙齿的位置关系确定出来，如图 3-71 所示。

11）在前视图把鼻子的位置确定出来，如图 3-72 所示。

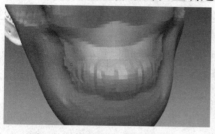 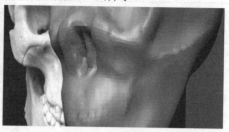

图 3-71　确定牙齿位置关系　　　　　图 3-72　确定鼻子位置

12）头骨脑后的位置没有精确的参照，可以按照现有的参考图大概刷取，并进行调整，如图 3-73 所示。

13）按住<Alt>键，利用 Clay 笔刷，将上下牙中间接缝向内雕刻，同理，上牙和下牙的牙根也用此种方法确定，如图 3-74 所示。

14）按住<Ctrl>键，进行部分位置的拖动，运算一次 DynaMesh，如图 3-75 所示。

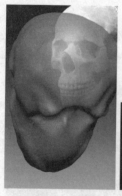

图 3-73　刷取脑后的位置　　图 3-74　中间接缝向内雕刻　　图 3-75　按住<Ctrl>键拖动

4. 精细雕刻

1）利用 Move 笔刷调整头骨整体的结构，眼眶加深一些，如图 3-76 所示。

2）牙齿部分使用 Standard 笔刷细化，如图 3-77 所示。

图 3-76　利用 Move 笔刷调整　　　　图 3-77　使用 Standard 笔刷细化牙齿

5．细部深化

下面学习模型细分的知识，在 Tool>Geometry>Divide（Ctrl+D）中可以对模型细分，假如细分出现破面，可以在 Tool 菜单下的 Deformation 卷展栏下单击"Unify"按钮即可解决。

如果隐藏一部分模型后，按快捷键<Ctrl+D>可以只对当前显示的面进行局部细分，这时会出现三角面，要谨慎使用，如图 3-78 所示。

Tool>Geometry>SDiv 的数值代表细分级别，可使用 Lower Res（快捷键 Shift+D）、Higher Res（快捷键 D）进行切换。<u>一般在低精度模型中调整大形，描绘越细致精度越高，初学者不建议一开始在最高精度下工作，交互速度和工作效果都不会理想。</u>

1）在 Tool>Geometry 卷展栏里增加细分，单击"Divide"（细分）按钮或按快捷键<Ctrl+D>键，将头骨细分增加到 3 级，如图 3-79 所示。

图 3-78　模型细分和处理破面

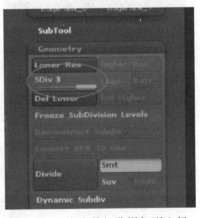

图 3-79　将头骨细分增加到 3 级

2）选择 Standard 笔刷，增加颧骨上和下巴上的细节，如图 3-80 所示。

3）按住<Alt>键，利用 Clay 笔刷，在鼻骨上进行骨头接缝的雕刻，同理，在颧骨和顶端雕刻出接缝，如图 3-81 和图 3-82 所示。

4）利用 Clay 笔刷，雕刻出牙齿，接着利用 Smooth 笔刷进行平滑处理，如图 3-83 所示。

5）太阳穴部分，按快捷键<Shift+D>键降低一级细分，继续进行绘制，绘制后增加细分，如图 3-84 和图 3-85 所示。

图 3-80　增加颧骨和下巴细节

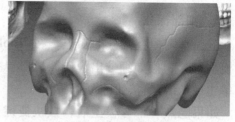

图 3-81　雕刻骨头接缝

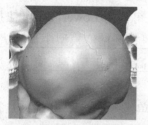

图 3-82　颧骨和顶端接缝雕刻

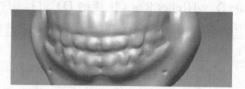

图 3-83　雕刻牙齿

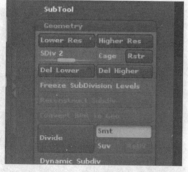

图 3-84　降低一级细分

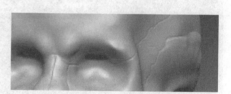

图 3-85　细分改变后绘制

6）进行模型顶部的纹理绘制，运用 Spray（喷散）笔触，Alpha 通道选择 Alpha07，将笔刷强度调小，将顶部纹理绘制完毕，如图 3-86 和图 3-87 所示。

图 3-86　选择 Spray 笔触

图 3-87　选择 Alpha07

至此，整个头骨模型的建模过程完成，如图 3-88 所示。

为了后续的 3D 打印工作，需要将模型文件格式导出，如果利用 ZBrush 自带的导出设置，是在 Tool 菜单下，单击"Export"按钮，在弹出的窗口中选择要保存的文件夹，输入文件名，单击"OK"，以输入的名字为前缀，单独把每个 SubTool 层保存为 OBJ 的格式。OBJ 文件只可以保存一个模型，而且只是当前编辑下的细分级别。如果在 SubTool（多重工具）面板中有多个物体，就需要分别单个保存，或者选中需要拓扑的模型，单击"保存"按钮，如图 3-89 所示。

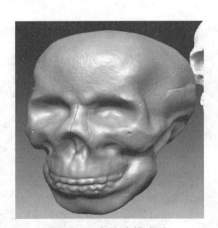

图 3-88　头骨建模完成

图 3-89　单击"Export"

现在市面上大多数 3D 打印机切片软件已经可以对 OBJ 文件进行切片操作，模型的大小和空间位置都需要在切片软件里进行后续调整，最后转化为 G 代码指导 3D 打印机进行工作。

需要注意的是，如果打印机出现只能使用 STL 打印格式，无法接受 OBJ 格式的情况，可以将 OBJ 文件导入其他三维软件，再利用其他软件的导出功

<u>能将 OBJ 文件转换为 STL 文件进行后续操作。</u>

最为简单的方法是利用 3D Print Exporter（3D 打印机输出）插件，将其复制到 ZBrush 安装文件夹 ZStart up>ZPlugs 插件文件夹，可以在 ZBrush 软件里很方便地调整模型空间位置和尺寸大小的输出，如图 3-90 所示。

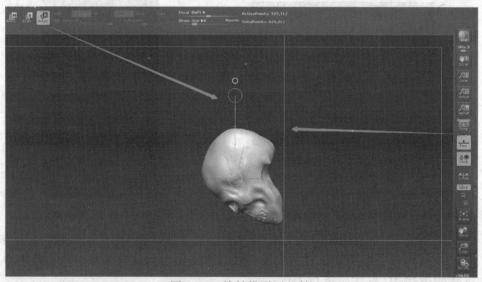

图 3-90   将 3D Print Exporter 复制到 ZStart up > ZPlugs 插件文件夹

6. 以头骨模型为例，进行打印格式文件的导出

1）单击右导航栏里的"Floor"按钮，打开地面网格显示功能，在 X、Y、Z 轴平台上选择 Z 轴，利用软件的 Rotate（旋转）功能将头骨放置在 Z 轴平台上，也就是在切片软件中显示的虚拟平台和 3D 打印机的打印平台上最佳的打印角度，如图 3-91 所示。

图 3-91   旋转模型到 Z 轴

2）在插件菜单里，首先单击"Update Size Ratios"，确保模型三个轴向比例同时发生变化，如图 3-92 所示。

3）在 2-change the size 选项中有两种尺寸，选项 inch 和 mm，我们选择 mm，在下面的 X 轴数据框里进行数值输入，如将模型 X 方向上输入数值 50，如图 3-93 所示。

图 3-92　约束比例

图 3-93　修改尺寸

4）接着在底部的 3-Export（导出）选项中选择 STL 或者 OBJ 文件，如果单击 "STL" 按钮，弹出 Export to STL file（导出到 STL 文件）窗口，选择保存文件的位置，保存为 tougu.STL，即可进入后续的切片和打印工作，如图 3-94 和图 3-95 所示。

图 3-94　单击 "STL" 按钮

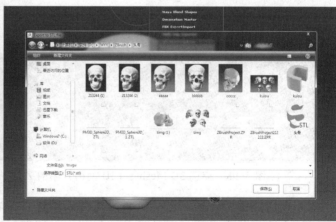

图 3-95　保存文件

3.3.2　创意人物模型——小黄人模型建模过程

在本章节中，学习小黄人模型的建模过程，建模后效果如图 3-96 所示。

小黄人的建模主要应用了 Z 球"ZSphere"的建模方法，ZSphere 可以让用户使用干净的拓扑结构快速建立一个基础网格，然后可以创建、删除、缩放、移动和旋转 Z 球得到任何想要的形式，再使用其他 ZBrush 工具雕刻它们。ZSphere 的强大在于它非常简单，用户可以从一个单一的 ZSphere 开始，然后轻松地在其上面增加新的 ZSphere，再缩放、移动和旋转成任何形状。用户可以在为角色创造几何形态的同时为模型调节姿势。

Z 球"ZSphere"是为角色创建基础网格的最快方法，通过 Z 球得到的基础网格，如果用其他任何三维应用程序创建都将花费更长的时间。图 3-97 所示为利用 Z 球创建的人体模型。

 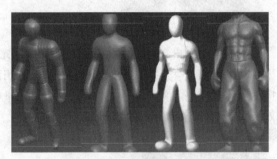

图 3-96　小黄人建模后效果　　　　图 3-97　利用 Z 球创建的人体模型

1．小黄人身体躯干部分制作

1）在 Tool 工具单击"Simple Brush"缩略图，继而在弹出的物体栏里第二栏，点选 3D Meshes（3D 网格）中的 Z 球"ZSphere"，在工作区内单击并拖动，创建一个 Z 球，如图 3-98 所示。

图 3-98　点选 3D Meshes（3D 网格）中的 Z 球"ZSphere"

2）按快捷键<T>键，进入 Edit 模式对 Z 球进行编辑，如图 3-99 所示。

3）由于小黄人身体呈现的是胶囊的形态，所以，在第一个 Z 球的中心再拖拽出一个新的 Z 球，如图 3-100 所示。

图 3-99　进入 Edit 模式

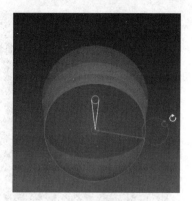

图 3-100　再拖拽出一个新的 Z 球

4）按快捷键<W>，采用 Move（移动）功能对新的 Z 球进行移动操作，如图 3-101 所示。

5）按快捷键<E>，采用 Scale（缩放）功能对新的 Z 球进行放大操作，如图 3-102 所示。

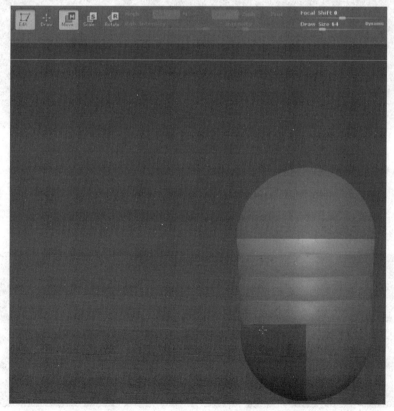

图 3-101　对新的 Z 球进行移动

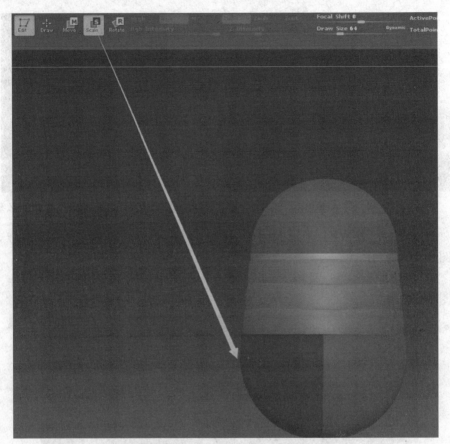

图 3-102　对新的 Z 球进行放大操作

　　6）按快捷键<M>，更换模型材质为 MatCap Gray，在雕刻当中较常用的有两种材质，一种是 MatCap Gray，另一种是 Flat Color，前一种材质主要是在雕刻中观察形体和结构的时候使用，而后一种是在观察形体剪影效果时以及制作参考模板时使用，如图 3-103 所示。

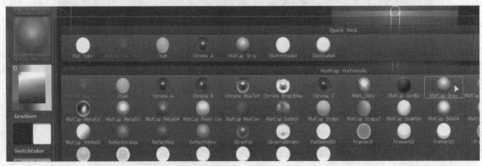

图 3-103　更换模型材质为 MatCap Gray

7）按快捷键<Q>，在中心位置再拖拽出一个新的 Z 球，创建之后将新的
Z 球向下移动，如图 3-104 所示。

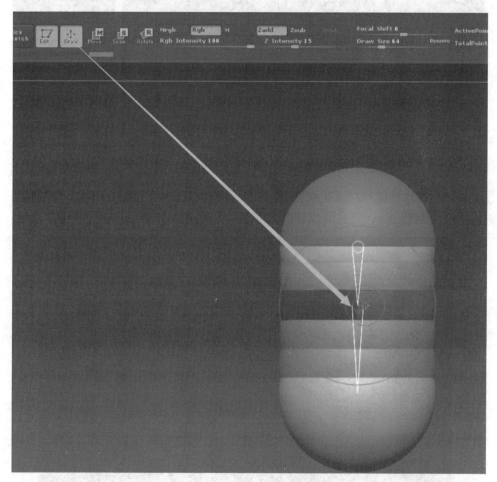

图 3-104　在中心位置再拖拽出一个新的 Z 球

8）单击右导航栏里的"Floor"按钮，在按钮的右上角点选 Y 和 Z，
打开 Y 轴和 Z 轴网格显示，将模型调整到正面方向，如图 3-105 所示。

9）关闭 Floor 显示，打开 X 轴对称，按快捷键<Q>，在两侧的位置
拖拽出新的 Z 球，这就是小黄人两侧胳膊的位置，创建之后，按快捷键
<W>，采用 Move（移动）功能将新的 Z 球移动到中间位置，如图 3-106
所示。

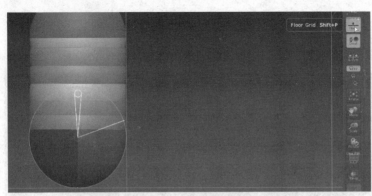

图 3-105　单击右导航栏里的　　　　　　　图 3-106　在两侧拖
"Floor" 按钮　　　　　　　　　　　拽出新的 Z 球

　　10）按快捷键<Q>，在两侧胳膊的位置再创建出一对新的 Z 球，分别利用快捷键<W>和<E>，对胳膊位置的 Z 球进行移动和缩放调整，如图 3-107 所示。

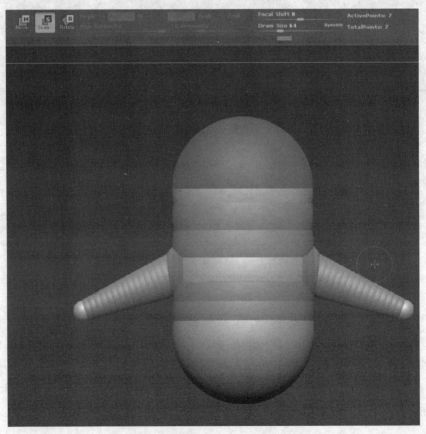

图 3-107　对胳膊位置的 Z 球进行调整

11）按快捷键<A>，显示蒙皮之后的效果，如图 3-108 所示。

12）按快捷键<Q>，在小黄人身体主体底部位置再创建出一对新的 Z 球，在这对新 Z 球的基础上继续创建一对 Z 球，分别利用快捷键<W>和<E>，对腿部位置的 Z 球进行移动和缩放调整，如图 3-109 所示。

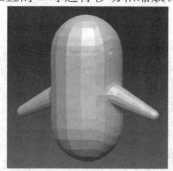
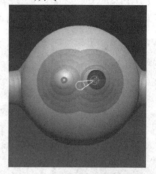

图 3-108　显示蒙皮　　　　　图 3-109　在底部位置创建出一对新的 Z 球

13）按快捷键<Q>，用同样的方式在胳膊中间添加一对 Z 球，移动和缩放调整后作为可以活动的肘部，如图 3-110 所示。

图 3-110　在胳膊中间添加一对 Z 球

14）在通过快捷键<A>整体预览观察之后，对小黄人的身体比例进行微调，将胳膊稍微向下移动，将小黄人臀部调大一些，这样用 Z 球创建主体的工作完成，如图 3-111 所示。

15）在 Tool（工具）找到 Adaptive Skin（自适应蒙皮）选项，Previews（预览）就是利用快捷键<A>在预览状态和 Z 球状态之间进行切换，将Density（网格密度）增加到 2，使模型表面光滑，如图 3-112 所示。

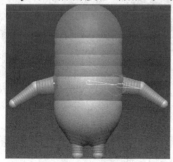

图 3-111　将胳膊向下移动　　　　　图 3-112　将 Density 增加到 2

16）单击下方的"Make Adaptive Skin"（转化蒙皮网格）选项，在缩略图窗口出现新的模型缩略图，Z 球模型已经转化为蒙皮网格物体，用快捷键<A>也无法转到 Z 球状态，接着对新的网格模型进行编辑，如图 3-113 所示。

17）用快捷键<Shift+F>键或单击打开"Poly F"（显示线框）功能，将模型用线框栅格显示，如图 3-114 所示。

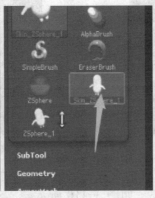

图 3-113　转化蒙皮网格　　　　　　　图 3-114　打开"Poly F"

18）在 Tool>Geometry 卷展栏里，单击"Del Lower"（删除低级别），将 Resolution（分辨率）调为 32，单击"DynaMesh"（动态网格）对模型进行优化运算，关闭"Poly F"，如图 3-115 所示。

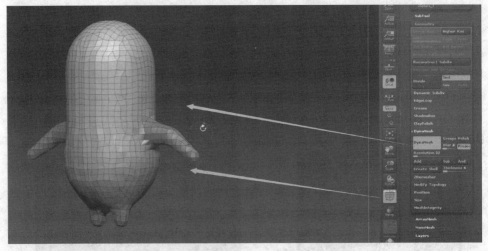

图 3-115　单击"DynaMesh"对模型进行优化运算

19）对小黄人身体进行整体制作，首先打开<X>对称，调低笔刷强度，利用 Smooth 笔刷对模型进行平滑处理，如图 3-116 所示。

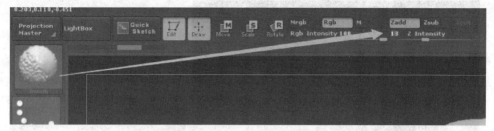

图 3-116　对模型进行平滑处理

20）将 Resolution 增加到 64，用<Ctrl>拖动，进行运算，如图 3-117 所示。

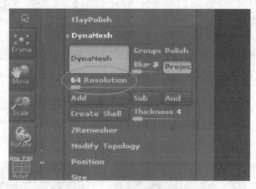

图 3-117　分辨率增加到 64

21）用 ClayBuildup 笔刷在主体臀部位置雕刻出背带裤的层次，将笔刷强度调低，利用 Smooth 笔刷将其平滑，如图 3-118 所示。

图 3-118　将笔刷强度调低

22）继续进行平滑操作后，选择 Hpolish 笔刷，将模型腿部压平，如图 3-119 所示。

23）同理，对胳膊部分先进行雕刻、平滑，再通过 Hpolish 笔刷，将模型胳膊顶部压平，如图 3-120 所示。

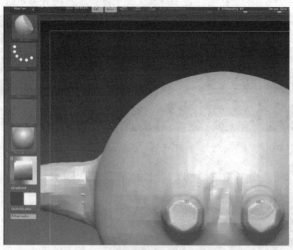

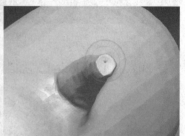

图 3-119　将模型腿部压平　　　　　　图 3-120　将模型胳膊顶部压平

24）之后，利用 Move 笔刷对模型胳膊进行调整，如图 3-121 所示。

25）然后，在 Tool>Deformation（变形）卷展栏里找到 Polish（抛光），对整体进行抛光，如图 3-122 所示。

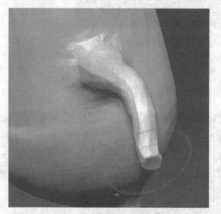

图 3-121　对模型胳膊进行调整　　　　图 3-122　对整体进行抛光

Tool 面板菜单下的 Deformation（变形）命令，应用比较广泛，尤其是 Mirror（镜像）、Smart ReSym（智能对称）以及 Size（比例缩放）功能经常能够使用到。

Mirror：可以沿某个轴向把雕刻的一面镜像给另一面，实现左右互换。

注意　在 Geometry 菜单下有一个 Mirror and Weld（镜像与焊接）命令，使用时可以将位置左右移动，直接按 Mirror 按钮，就可以把整个物体 Mirror 到所选的 Axe（轴）的另一边，然后再 Mirror and Weld 就可以了。

Smart ReSym：可以把雕刻的一侧对称复制到另一侧，实现两面相同的雕刻效果。

如果在 ZBrush 里建模做细节忘了开对称，用 Tool>Deformation>Smart ReSym 命令就可以做到。

Size：当需要缩放模型的时候可以在编辑模式下进入 Tool>Deformation> Size 拖动滑块或者输入数值来进行比例缩放。

2．眼镜和眼睛的制作

1）切换到 Standard 笔刷，在 Alpha 通道点选"Alpha 6"的贴图，在 Strokes（笔触）面板中，选择 Drag Rect（拖拉矩形）的方式，如图 3-123 和图 3-124 所示。

图 3-123　点选"Alpha 6"的贴图

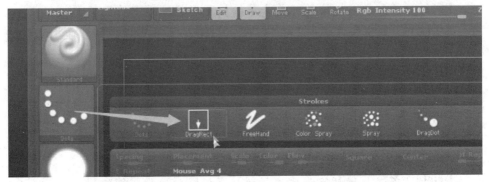

图 3-124　选择"Drag Rect"（拖拉矩形）笔触

2）增加笔刷强度，在头部三分之一处，按住<Alt>键进行拖拽，制作出小黄人眼镜前面的环，如图 3-125 所示。

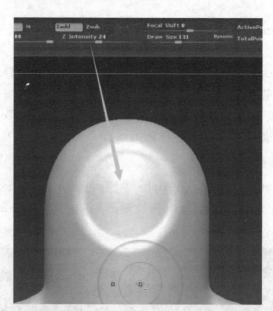

图 3-125　制作出眼镜的环

　　在这里，介绍下 SubTool（多重工具）面板，该面板可以添加 PolyMesh 至当前编辑的模型中。当需要编辑某个物体时，选中该物体即可编辑。在物体的后方有双眼睛图标显示与隐藏层按钮可以控制该物体的隐藏与显示（单击当前正在编辑的模型后面的眼睛图标，会将除该模型以外的其他模型隐藏）。

　　物体栏下方的 List All 按钮（全部目录）：单击该按钮，可以从中选择删除当前编辑模型以外的其他模型。

　　Rename（重命名）按钮：单击该按钮可以将编辑下的模型重新命名。

　　All Low（全部最低级别）按钮：单击该按钮可以将 SubTool 面板下的所有模型降至最低级别。

　　All High（全部最高级别）按钮：单击该按钮可以将 SubTool 面板下的所有模型升至最高级别。

　　Duplicate（复制）按钮：单击该按钮可以将当前所编辑的模型复制出一个一模一样的。

　　Append（添加）按钮：单击该按钮可以添加 PolyMesh。

　　Delete（删除）按钮：单击该按钮可以删除当前编辑的模型。

　　Del Other（删除其他）按钮：单击该按钮可以删除除当前编辑的模型以外的所有模型。

　　Del All（删除全部）按钮：单击该按钮可以删除 SubTool 面板下所有模型。

　　3）了解 SubTool 之后，在 SubTool 面板下，利用 Append（添加模型）

按钮，点选 3D Meshes（3D 网格）标准几何体中的 "Sphereinder 3D"，插入一个顶部带弧度的圆柱体，用来制作眼镜，如图 3-126 所示。

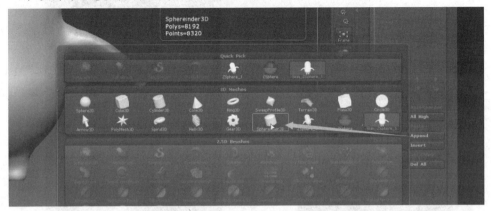

图 3-126　插入一个顶部带弧度的圆柱体

4）按<Alt>键选择圆柱体或者在 SubTool 面板里选择这个新建物体，按快捷键<E>，采用 Scale（缩放）功能，利用调出的操纵杆对新的物体进行缩小操作，或者在 Tool>Deformation 卷展栏里找到 Size，点选 X、Y、Z 轴并向左拉动滑块进行缩小操作，如图 3-127 和图 3-128 所示。

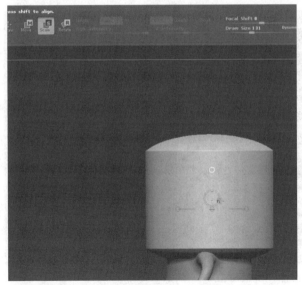

图 3-127　对新的物体进行缩小操作

图 3-128　调节 Size

5）打开 Transp（透明显示）功能来进行观察，并采用 Move 功能和 Rotate 功能，调整和旋转圆柱体，使圆柱体移动到和头部垂直的眼镜预留位置，关闭 Transp，如图 3-129 和图 3-130 所示。

图 3-129 打开 Transp   图 3-130 调整和旋转圆柱体

6）利用 Append 按钮，添加"Sphere 3D"新的球体模型，用来制作眼球，如图 3-131 所示。

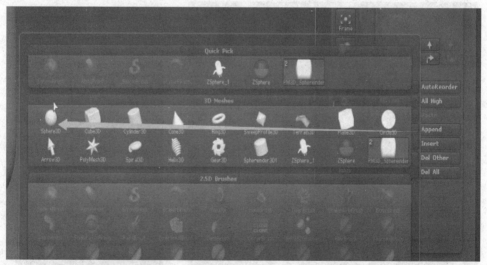

图 3-131 添加"Sphere 3D"新的球体模型

7）按<Alt>键选择球体，在 Deformation（变形）卷展栏里找到 Size，点选 Z 轴并向左拉动滑块缩小，使球体达到扁平的效果，如图 3-132 所示。

图 3-132　点选 Z 轴并向左拉动滑块缩小

8）采用 Move 功能，将球体移动到眼镜前端，通过打开和关闭 Transp 进行观察，在 SubTool 面板中关闭之前的眼镜圆柱体，不断调整眼球的大小和位置，如图 3-133 所示。

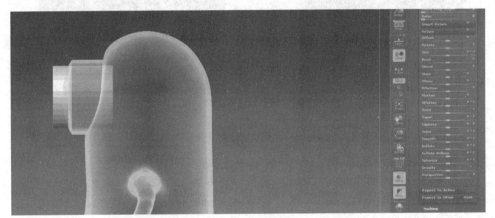

图 3-133　不断调整眼球的大小和位置

9）之后进行眼镜框的制作，将之前关闭的眼镜圆柱体打开显示状态并选择，在右侧 SubTool 面板，点选"Duplicate"（复制）按钮进行复制，复制后将最上面的圆柱体改为隐藏状态，如图 3-134 所示。

10）利用 Append 按钮，添加"Cylinder 3D1"新的圆柱体，SubTool 面板中选择新的圆柱体，在"List all"右边的向上移动箭头点选，将新物体在SubTool 的位置向上移动，如图 3-135 所示。

图 3-134 点选"Duplicate"按钮

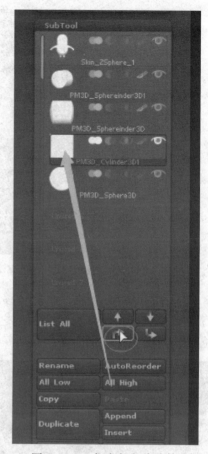

图 3-135 点选向上移动箭头

在这里，了解下 DynaMesh 的布尔运算技巧，有三种运算方式，分别为并运算、差运算和交运算。

并运算：如使用 InsertCylinder 笔刷按住鼠标左键在模型上面拉出一个圆柱，原来的模型被 Masking，而圆柱没有被 Masking。然后再到空白处划两下，第一次是取消 Masking，第二次是把模型 DynaMesh。圆柱和原来的模型已经成了一个模型，这就是 DynaMesh 并运算。

差运算：按住<Alt>+鼠标左键在模型上面拉出一个圆柱（按住<Alt>键是反向选择的意思，同时生成法线也是反的）。<Alt+F>开启线框显示，可以看出拉出来的模型法线是反的，网格颜色为白色。这种情况的白色网格代表模型要被减掉的。

交运算：交运算跟前面两种运算不一样，不能直接在空白处划一下得出结果，需要在界面中单击"And"按钮。按住<Alt>键拉出一个圆柱（要稍大一点，能够将原模型遮住），然后在空白处划一下去掉遮罩，然后单击"And"按钮。

11）了解布尔运算后，接下来，同眼镜的制作，采用 Move 功能和 Rotate 调节位置，利用 Size 调节大小，直至调节到与眼镜合适的位置和大小；SubTool 面板中选择眼镜框，选择"差集"的选项，找到 Merge（合并）选项，单击"MergeDown"（向下合并）按钮，如图 3-136 所示。

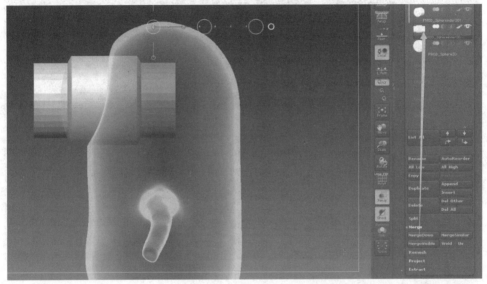

图 3-136　单击"MergeDown"按钮

12）之后按下"DynaMesh"按钮，经过运算之后，得到初步的眼镜框外形，如图 3-137 所示。

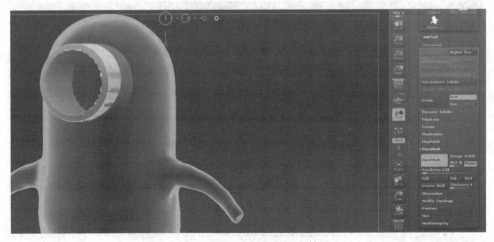

图 3-137　DynaMesh 运算

13）将新形成的镜框在 SubTool 面板中点选，同时隐藏其他物体，在视图中单独显示镜框，点开"Poly F"，发现模型布线显示不理想，如图 3-138 所示。

图 3-138　点开"Poly F"

14）在 Geometry 卷展栏里，DynaMesh 里面有 ZRemesher 选项，单击此选项，使模型布线合理分布，完成镜框的制作，之后显示其他模型，如图 3-139 所示。

图 3-139　ZRemesher 布线

15）进行镜片的制作，需要在 SubTool 面板中点选复制的圆柱体，方法同眼镜的制作，采用 Move 功能和 Rotate 调节位置，利用 Size 调节大小，通过打开和关闭 Transp 进行观察，直至调节到与眼镜框合适的位置和大小，如图 3-140 所示。

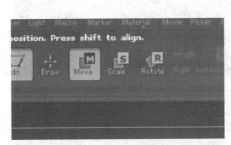
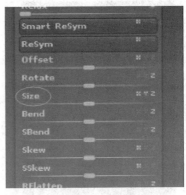

图 3-140　利用操纵杆和 Size 调节大小

16）按住<Ctrl+Shift+Alt>快捷键，用绿色框来拖拽前面的镜片部分，后面的部分得到隐藏，接着利用"Geometry"菜单中的"Modify topology"功能，找到"Del Hidden"（删除隐藏）选项单击确定，利用<Ctrl+Shift>键反选一下发现没有变化，证明隐藏的部分已经被删除，如图 3-141 所示。

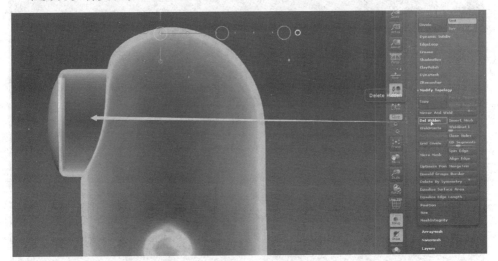

图 3-141　单击"Del Hidden"选项确定

17）如果发现镜框和镜片大小有差异，可以在 Tool 中 Deformation 选项里找到"Inflate"（膨胀挤压），将镜框宽度增大，如图 3-142 所示。

3．衣服和眼镜带的制作

1）采取遮罩的方法绘制小黄人的背带裤，首先在正交视图按住<Ctrl>键，从下往上框选一个遮罩，同理，中间位置也拖拽出一个遮罩，转到侧面，也调整出遮罩的部分，如图 3-143 所示。

图 3-142　找到"Inflate"

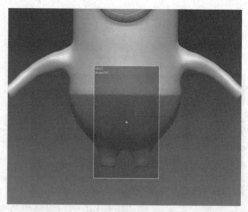

图 3-143　采取遮罩的方法绘制背带裤

2）按住<Ctrl>键减选，将脚部清除遮罩，如图 3-144 所示。

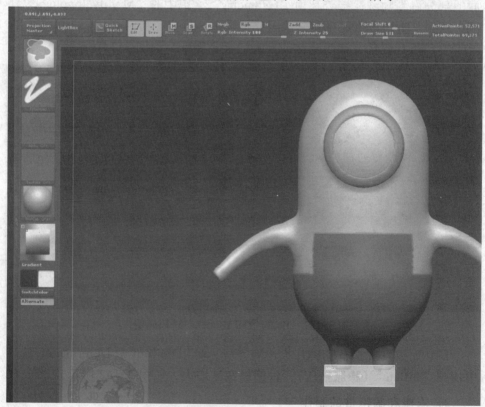

图 3-144　清除遮罩

3）在 SubTool 面板下，找到 Extract（挤出）设置，调节 Thick（挤出厚度）数值为 0.02，单击"Extract"按钮和"Accept"（确定），生成新的模型，在画布旁边拖动将遮罩取消，如图 3-145 所示。

在这里，了解下 ZRemesher，是 ZBrush 新增的自动拓扑工具。基于模型自动分布计算的，可以从根本上解决 ZBrush 布线问题，省去了绝大多数的拓扑工作。一些简单的角色，如怪物等，都是直接使用 ZRemesher 来生成的低模网格。

在制作模型的初期，很多时候 ZBrush 是从一个球开始的模型，如果我们从球体拉出一个犄角形状，会导致那里的布线非常少，这时候通过 ZRemesher 可以马上解决布线均匀的问题，如图 3-146 所示。

图 3-145　Extract 和 Accept

图 3-146　自动拓扑布线

4）点开"Poly F"，发现模型布线较乱，找到 DynaMesh 往下的"ZRemesher"选项，单击此选项，使模型布线合理分布。但是发现脚部有漏洞，用 ClayBuildup 笔刷填补后再次进行"ZRemesher"，关掉"Poly F"功能，完成背带裤主体的制作，如图 3-147 和图 3-148 所示。

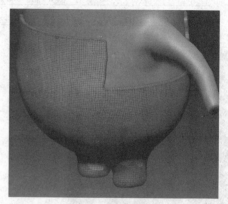

图 3-147　进行"ZRemesher"　　　　图 3-148　关掉"Poly F"

5）单击"Divide"按钮，将 SDiv 数值减小到 1 级，利用 Clay 笔刷雕刻和 Smooth 笔刷对背带裤主体进行平滑处理，如图 3-149 所示。

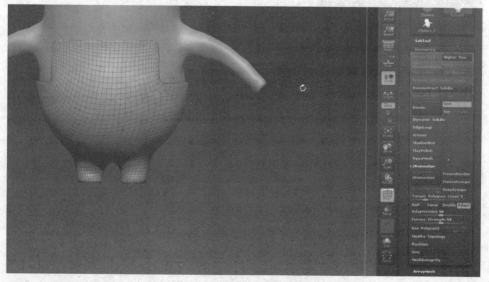

图 3-149　调整 SDiv 数值减小到 1 级

6）按<Alt>键鼠标单击身体主体，打开 Transp 功能，用遮罩方法画出连接衣服前后的背带，在绘制过程中，可以按住<Ctrl+Alt>键对边界不整齐的地方进行擦除，如图 3-150 所示。

7）在 SubTool 面板下，找到 Extract 设置，调节 Thick 数值为 0.02，单击"Extract"按钮和"Accept"，挤出背带的结构，在画布旁边拖动将遮罩取消，如图 3-151 所示。

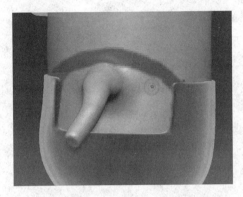
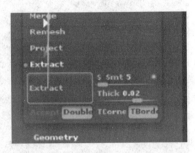

图 3-150　绘制遮罩　　　　　　　　　图 3-151　找到 Extract 设置

8）点开"Poly F"，多次进行"ZRemesher"，如图 3-152 所示。

9）关闭"Poly F"，点开右侧导航栏里的"Solo"（单独显示）只显示背带，如图 3-153 所示。

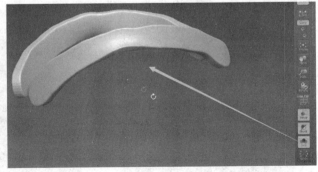

图 3-152　多次进行"ZRemesher"　　　　图 3-153　Solo 背带

10）选择 Move 笔刷对背带边缘进行调整，调节拉杆将 SDiv 数值增加到 2 级，对上下边缘采用 Hpolish 笔刷压平，背带的边角出现棱角分明的效果，之后取消 Solo 操作，如图 3-154 所示。

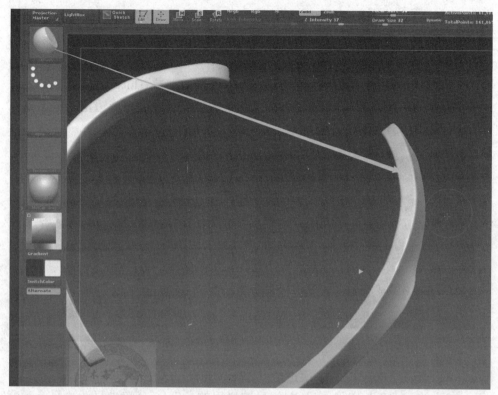

图 3-154　采用 Hpolish 处理

11）发现背带被调整在了衣服的里面位置，调节拉杆将 SDiv 数值减小到 1 级，用 Move 笔刷将背带调整到衣服外面，退出 Transp，这样就完成背带的制作，如图 3-155 和图 3-156 所示。

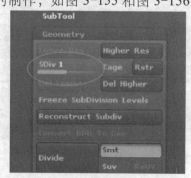

图 3-155　调整 SDiv 数值减小到 1 级

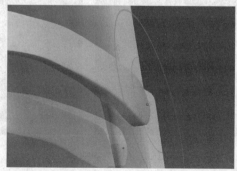

图 3-156　调整背带

12）接下来进行背带扣的制作，需要在 SubTool 面板下，利用 Append 按钮，点选"3D Meshes"（3D 网格）标准几何体中的"Sphereinder 3D"，插入一个顶部带弧度的圆柱体，如图 3-157 所示。

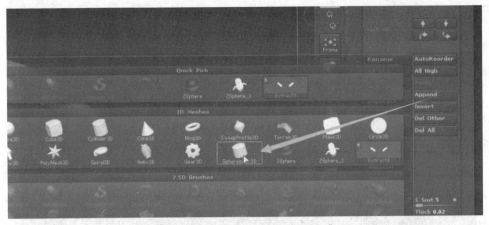

图 3-157　创建"Sphereinder 3D"

13）背带扣的建模方法和眼球的方法相同，按<Alt>键鼠标单击模型，打开"Ghost"（幽灵显示）。

利用 Size 调节大小，采用 Move 功能将背带扣移动到背带和裤子连接处的位置，用 Rotate 调节角度，按住<Shift>键，在移动轴垂直于身体的方向对扣子压平，如图 3-158 所示。

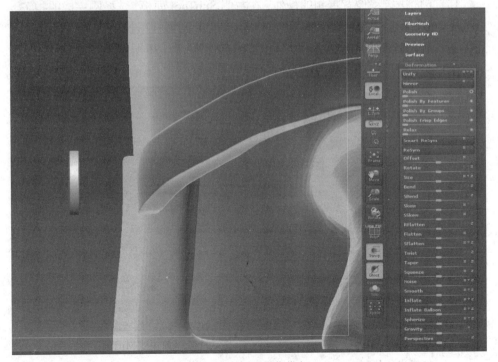

图 3-158　调节背带扣

14）通过打开和关闭 Transp 进行观察，不断调整尺寸和角度，直至调节到与背带合适的位置和大小，第一个背带扣完成，如图 3-159 所示。

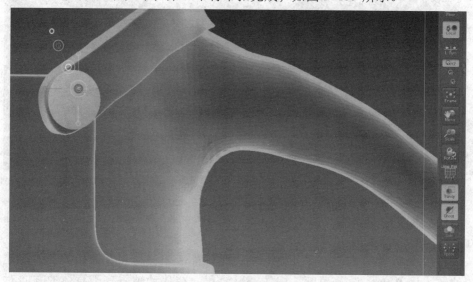

图 3-159　调整尺寸和角度

15）下面进行镜像背带扣的操作，在右侧 SubTool 面板，选择刚完成的扣子，点选"Duplicate"按钮进行复制，在 Deformation 卷展栏里找到 X 轴"Mirror"并单击，成功镜像出左边的扣子，如图 3-160 和图 3-161 所示。

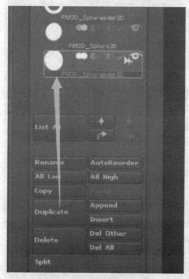

图 3-160　点选"Duplicate"
　　　　　按钮进行复制

图 3-161　单击"Mirror"

16）在 SubTool 面板下，找到 Merge 选项，单击"MergeDown"按钮运算，这样前面的两个扣子完成，如图 3-162 所示。

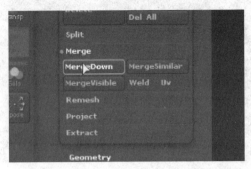

图 3-162　单击"MergeDown"按钮运算

17）用同样的方式，在右侧 SubTool 面板，选择刚完成的模型，点选"Duplicate"按钮进行复制，在 Deformation 卷展栏里找到 Z 轴"Mirror"并单击，成功镜像出后面的扣子，SubTool 面板下 Merge 选项，单击"MergeDown"按钮进行合并，前后四个扣子全部完成，如图 3-163 和图 3-164 所示。

图 3-163　Mirror

图 3-164　镜像出后面的扣子

18）眼镜旁小圆柱体的建模方法和眼镜框制作方法相同，点选"3D Meshes"（3D 网格）标准几何体中的"Sphereinder 3D"，插入一个顶部带弧度的圆柱体，如图 3-165 所示。

19）按<Alt>键选择圆柱体，在 Deformation 卷展栏里找到 Size，点选 X、Y、Z 轴并向左拉动滑块进行缩小操作，采用 Move 功能，将圆柱移动到眼镜旁边，通过打开和关闭 Transp 进行观察，按住<Shift>键将圆柱拉伸到合适的比例，如图 3-166 所示。

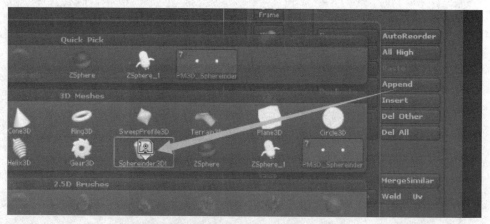

图 3-165　添加"Sphereinder 3D"

图 3-166　调整小圆柱体

20）在右侧 SubTool 面板，选择刚完成的圆柱，点选"Duplicate"按钮进行复制，将复制的圆柱体向下移动一定距离，单击"MergeDown"按钮进行合并，产生一对新的圆柱体，如图 3-167 所示。

21）将新的一对圆柱体置于眼镜框中间的位置，点选"Duplicate"按钮对其进行复制，在 Deformation 卷展栏里找到 X 轴"Mirror"并单击，成功镜像出左边的圆柱，在 SubTool 面板下 Merge 选项，单击"MergeDown"按钮进行两对圆柱的合并，左右的圆柱体全部完成，如图 3-168 所示。

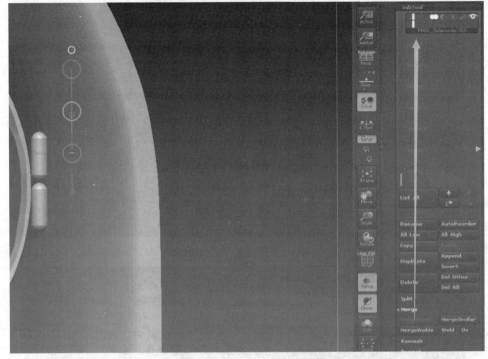

图 3-167　将圆柱体复制和向下合并

22）绘制眼镜带子的方法和衣服上的背带建模相同，按<Alt>键选择小黄人身体主体，再按住<Ctrl>键采取从右往左框选的方式进行遮罩，多余部分减除，在 SubTool 面板下，找到 Extract 设置，调节 Thick 数值为 0.02，单击"Extract"按钮和"Accept"，生成眼镜带的模型，在画布旁边拖动将遮罩取消，用 Move 笔刷将眼镜带调整到和圆柱结合的合适位置，点开"Poly F"，多次进行 ZRemesher，如图 3-169 所示。

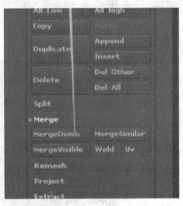

图 3-168　MergeDown

23）点开右侧导航栏里的"Solo"只显示眼镜带，调节拉杆将 SDiv 数值增加到 2 级，按住<Ctrl>键拖动出一个细长的带子，再按住<Ctrl>键在空白处进行遮罩反选，Deformation 选项里找到 Inflate，对其进行凹陷操作，取消遮罩，再利用 Smooth 光滑笔刷对模型进行平滑处理，再利用其他笔刷对其进行微调，完成眼镜带的建模，如图 3-170 所示。

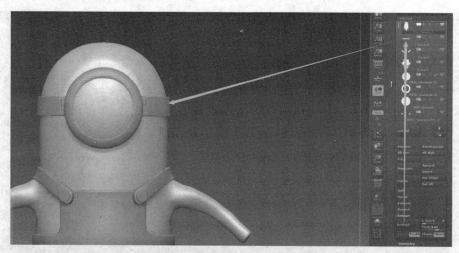

图 3-169　多次进行"ZRemesher"

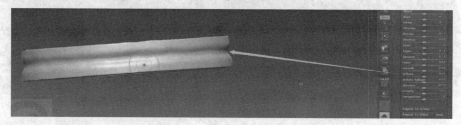

图 3-170　使用 Inflate 凹陷调整

24）选择小黄人身体主体，按<Alt>键，用 Standard 笔刷绘制出嘴巴，再利用 Smooth 笔刷对模型进行平滑处理，如图 3-171 所示。

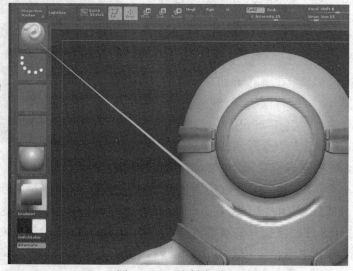

图 3-171　绘制出嘴巴

4．手部和脚部的制作

1）手部和脚部的制作采取 Z 球的方法，在 SubTool 面板下，利用 Append 按钮，点选"3D Meshes"（3D 网格）标准几何体中的 Z 球，插入一个 Z 球，采用 Move 功能，将 Z 球移动到手臂前端，按快捷键<E>，采用 Scale 功能对 Z 球进行缩小操作，不断调整至合适位置，如图 3-172 和图 3-173 所示。

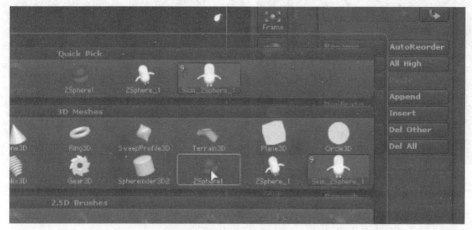

图 3-172　添加 Z 球

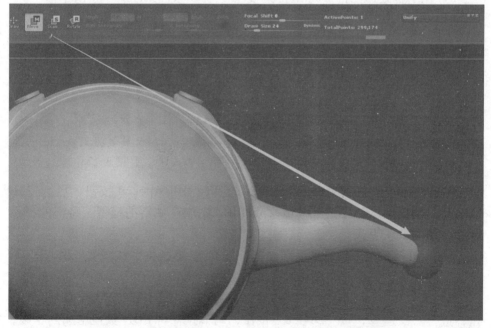

图 3-173　缩放 Z 球

2）在此 Z 球基础上拖拽出三个新的 Z 球作为小黄人的手指，采用 Move 功能，将三个 Z 球分别移动到合适位置，如图 3-174 所示。

3）之后，分别在三个 Z 球的基础上继续创建三个 Z 球，按<W>键将 Z 球向外拉伸，如图 3-175 所示。

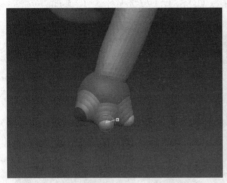
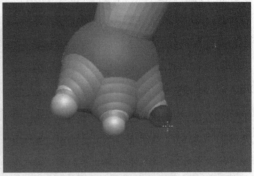

图 3-174　创建小黄人的手指　　　　　　图 3-175　拉伸 Z 球

4）在每个拉伸的手指中间再分别添加一个 Z 球作为手指的关节，接着不断调整手指的角度和长度，如图 3-176 所示。

5）在手腕处原始的 Z 球上再拖拽出一个 Z 球，如图 3-177 所示。

6）单击快捷键<A>，进行蒙皮显示操作，如图 3-178 所示。

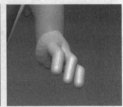

图 3-176　添加手指的关节　　　图 3-177　手腕添加 Z 球　　　图 3-178　蒙皮显示

7）在 Tool 里找到 Adaptive Skin 选项，利用 Append 按钮，点选"3D Meshes"（3D 网格）中的"Skin_Zphere1"添加产生新的模型，将旧的模型删除，如图 3-179 所示。

8）点开"Solo"只显示手部结构，用 Clay 笔刷将手掌厚度压平，同时，将肘部连接调整到比胳膊稍微大一些，如图 3-180 所示。

9）首先在 Del Lower 将 Resolution 调为 64，接着按下"DynaMesh"按钮，进行一次运算，按"Divide"按钮，调节拉杆将 SDiv 数值增加到 3 级，继续调整，如图 3-181 所示。

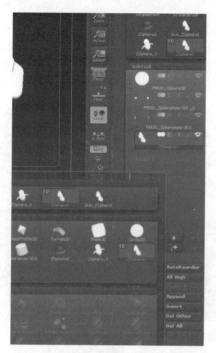

图 3-179　添加新模型

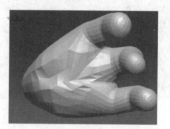

图 3-180　将手掌厚度压平

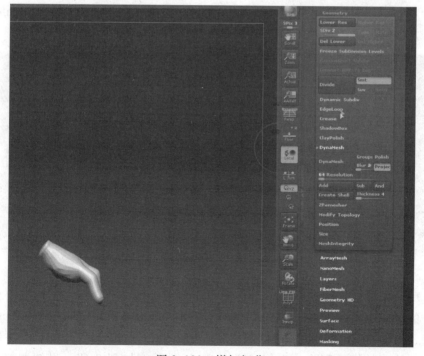

图 3-181　增加细分

10）退出 Solo，点选"Duplicate"按钮对其进行复制，在 Deformation 卷展栏里找到 X 轴"Mirror"并单击，成功镜像出手掌，可以采用 Move 功能，将复制的手掌移动到另一个手臂合适的位置，利用 Rotate 进行角度调整，直至调整到和另一侧对称，如图 3-182 所示。

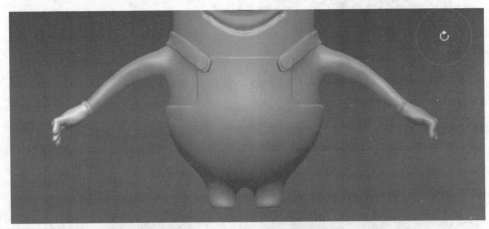

图 3-182　镜像出手掌

11）脚部处理和手部建模过程相似，在 SubTool 面板下，利用 Append 按钮，插入一个 Z 球，采用 Move 功能，将 Z 球移动到腿部，采用 Scale 功能对 Z 球进行缩小操作，不断调整至合适位置，如图 3-183 所示。

图 3-183　Append 添加 Z 球

12）和手指同样的方法，制作出一个脚趾：按下<Q>键，在顶端再创建出新的 Z 球，继续创建一个 Z 球，调整，应用 Adaptive Skin 选项，利用 Append 按钮，点选"3D Meshes"（3D 网格）中的"Skin_Zphere1"添加，产生新的模型，将旧的模型删除，调节拉杆将 SDiv 数值增加到 3 级，继续调整，如

图 3-184 所示。

13）采用 ClipCurve（曲线裁切）笔刷，按住<Ctrl+Shift>快捷键将下面部分裁切掉，再进行微调，如图 3-185 所示。

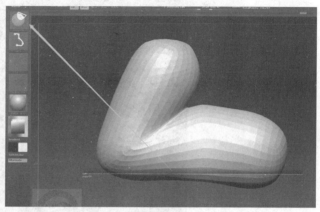

图 3-184　调节 SDiv 到 3 级　　　　　　　图 3-185　裁切掉下面部分

14）绘制遮罩，形成两边凸出、中间凹陷的鞋底的效果，单击"反选"，用移动工具将其拖拽出一定的高度，取消遮罩，用 Smooth 笔刷进行平滑，增加细分级别到 4 级，用 Standard 笔刷进行修饰，如图 3-186 所示。

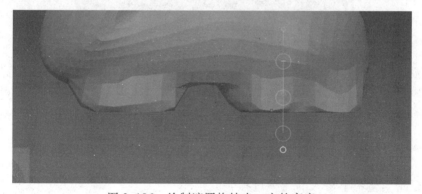

图 3-186　绘制遮罩拖拽出一定的高度

15）复制、删除低细分级别，镜像到另一部分，如图 3-187 和图 3-188 所示。

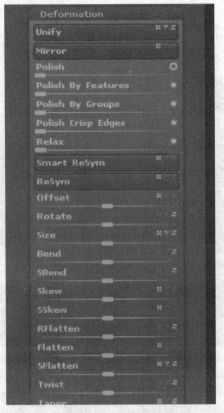

图 3-187　Mirror 镜像

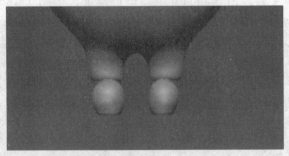

图 3-188　镜像出另一只脚

至此，整个小黄人的建模过程完成。

5. 最后步骤为 3D 打印文件的导出

1）首先单击"Update Size Ratios"，确保模型三个轴向比例同时发生变化，接下来，在"2-change the size"尺寸选项中选择 mm，在下面的 X 轴数据框里面进行数值的输入，如图 3-189 所示。

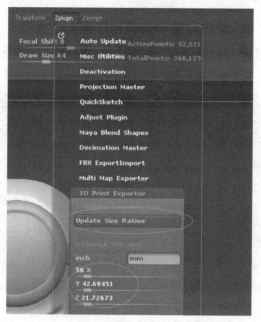

图 3-189　确定比例

2）接着在底部的"3-Export 导出"选项中选择 STL 或者 OBJ 文件，如果单击"STL"按钮，弹出 Export to STL File（导出到 STL 文件）窗口，选择保存文件的位置，保存为 xiaohuangren.STL，即可进入到后续切片软件的工作，如图 3-190 所示。

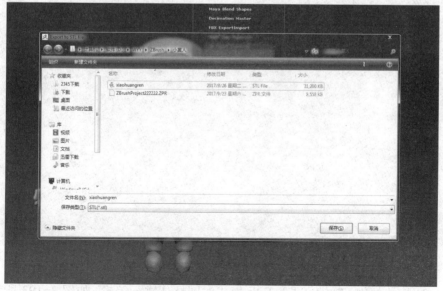

图 3-190　导出小黄人打印文件

3.3.3 卡通模型——伊布公仔模型建模过程

下面开始卡通模型——伊布公仔的建模过程,最终建模效果如图 3-191 所示。

图 3-191　伊布公仔模型

1)在 Tool 工具单击"Simple Brush"(缩略图),继而在弹出的物体栏里第二栏,点选"3D Meshes"(3D 网格)中的 Z 球"ZSphere",在工作区内单击并拖动,创建一个 Z 球,如图 3-192 所示。

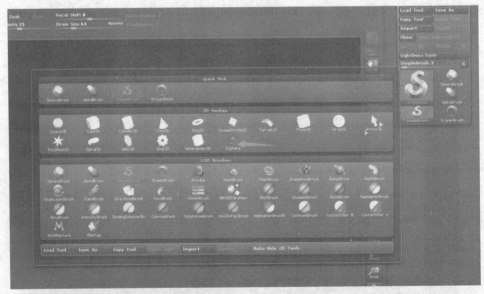

图 3-192　创建 Z 球"ZSphere"

2)按快捷键<T>键,进入 Edit 模式对圆柱体进行编辑,如图 3-193 所示。

128

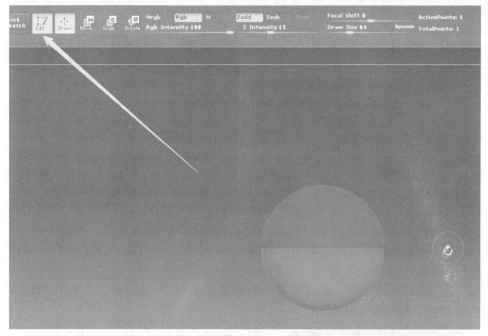

图 3-193　进入编辑模式

3）单击右导航栏里的 "Floor" 按钮，打开地面网格显示功能，如图 3-194 所示。

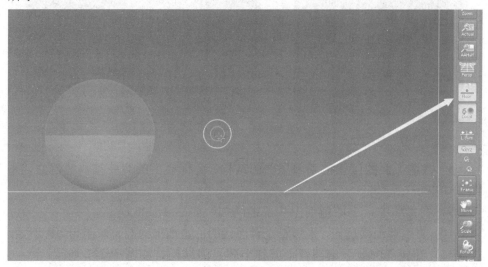

图 3-194　打开地面网格显示

4）单击快捷键<X>，打开 X 轴对称，当左右两个光标点汇集在中间位置，变成绿色显示，在这个点的位置进行拖动制作，如图 3-195 所示。

5）向上拖动调整出模型的胸腔位置，如图 3-196 所示。

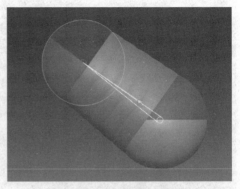

图 3-195　打开 X 轴对称　　　　　　图 3-196　调整胸腔

6）同样的方式，在上面拖动出 Z 球，作为公仔模型的脖子位置，如图 3-197 所示。

7）同上面的方式，在身体主干的侧面拖动出 Z 球，作为上臂和腿部的主要位置，如图 3-198 所示。

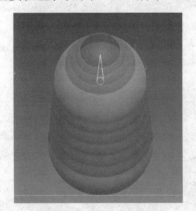

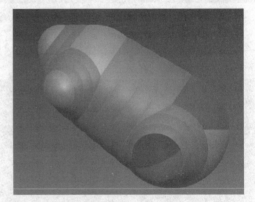

图 3-197　拖动脖子位置　　　　　　图 3-198　做出上臂和腿部

8）在最下面的位置拖动出尾巴的结构，公仔模型的四肢被快速建立，如图 3-199 所示。

9）在主体的最上面拖动出头部的结构，如图 3-200 所示。

10）将手臂继续拉伸，然后在上臂前段的位置拖出前肢，如图 3-201 所示。

11）在腿部的最下端向斜上方拖出膝盖的结构，如图 3-202 所示。

12）在膝盖的基础上，转折向下拖出小腿的结构，如图 3-203 所示。

13）同上肢方法一致，在小腿前端转折拖出脚掌的结构，对身体整体和各个部分的比例大小进行初步调整，如图 3-204 所示。

14）在尾部拖出新的 Z 球，作为尾巴的基本结构，在基本结构之上，向上拖出新的 Z 球，模型尾巴的大体形状完成，如图 3-205 所示。

15）利用快捷键<A>切换，蒙皮将整个结构实体化，查看下大体形状，进行调整，如图 3-206 所示。

16）在头部两侧的位置创立新的 Z 球，制作出耳朵的结构，如图 3-207 所示。

17）在耳朵中间部分添加新的 Z 球，并将其放大，如图 3-208 所示。

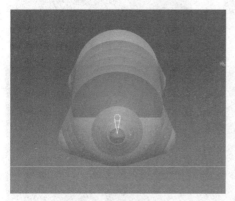

图 3-199　拖动出尾巴

图 3-200　拖动出头部

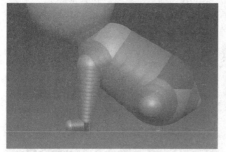

图 3-201　拉伸手臂

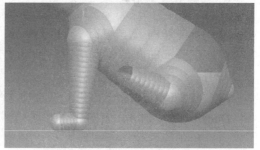

图 3-202　拖动出膝盖

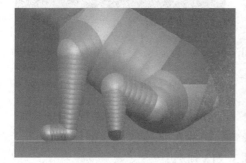

图 3-203　拖动出小腿

图 3-204　拖动出脚掌

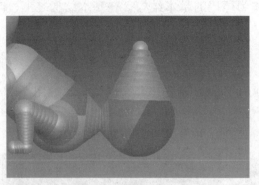

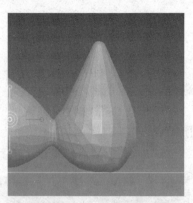

图 3-205　拖动出尾巴　　　　　　　图 3-206　利用查看蒙皮调整

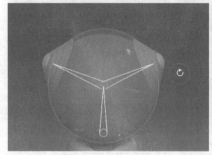

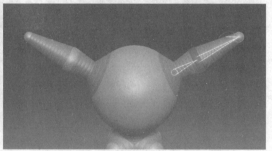

图 3-207　拖动出耳朵　　　　　　　图 3-208　耳朵中间添加 Z 球

1．面部处理

1）在头部的面部位置前段，拖动出新的 Z 球，作为模型的嘴部，如图 3-209 所示。

2）在 Tool> Adaptive Skin 选项中，将 Density 增加到 4，如图 3-210 所示。

3）利用快捷键<A>切换到蒙皮预览模式观察，取消预览模式后进行适当调节，反复运用此种方法将模型调整到大体合适的形状，如图 3-211 所示。

4）单击 Tool 面板中"Make PolyMesh 3D"，将模型生成为 PolyMesh，如图 3-212 所示。

图 3-209　拖动出嘴部

5）将 Resolution 调为 64，接着按下"DynaMesh"按钮，进行一次运算，用快捷键<Shift+F>键或单击打开"Poly F"功能，将模型用线框栅格显示，用来观察运算后的效果是否满意，如图 3-213 所示。

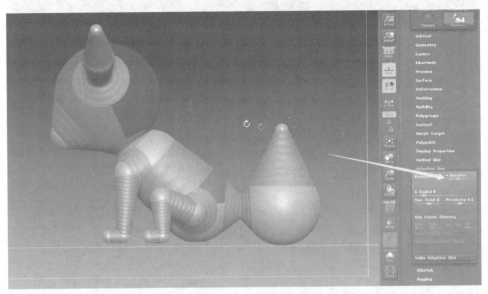

图 3-210　增加 Density

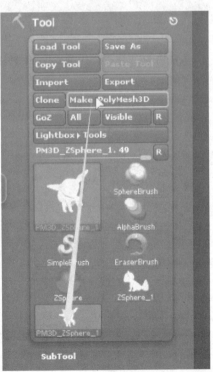

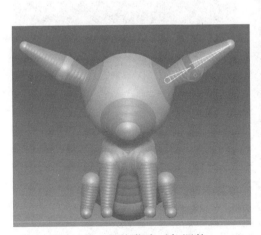

图 3-211　切换蒙皮反复调整　　　　图 3-212　生成多边形物体

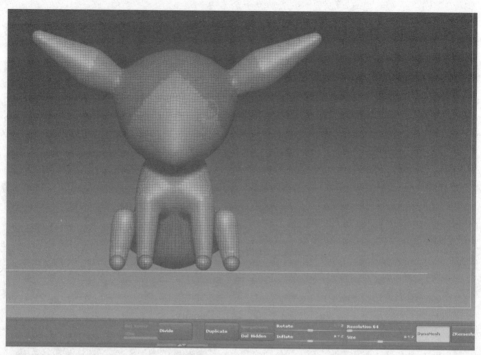

图 3-213　按下 "DynaMesh" 后打开 "Poly F"

6）选择 Move 笔刷，运用 Dots 笔触对大的外形进行调整，首先调节头部，如图 3-214 所示。

7）改选 Standard 标准笔刷来建立面部的眼睛和嘴巴结构，注意将笔刷强度降低，如图 3-215 所示。

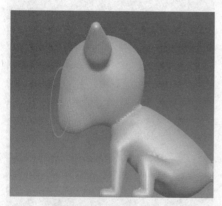

图 3-214　调整外形

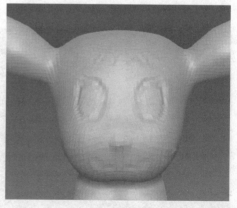

图 3-215　建立面部结构

8）再次 Move 笔刷，勾勒出鼻子部分，同时，利用 Smooth 笔刷对各部分进行平滑处理，如图 3-216 所示。

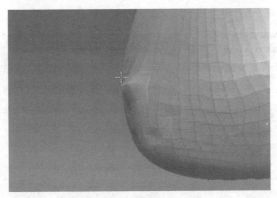

图 3-216　勾勒鼻子部分

2. 耳朵部分的处理

1）用遮罩的方式，将整个耳朵遮罩，然后进行遮罩的反选操作，如图 3-217 所示。

2）利用快捷键<W>拖出控制杆，通过操作控制杆将耳朵形状压扁，如图 3-218 所示。

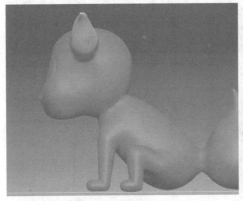

图 3-217　反选遮罩

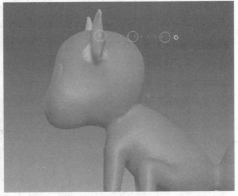

图 3-218　将耳朵压扁

3）取消遮罩，然后对模型进行增加细分的操作，将 Resolution 调为 128，接着按下"DynaMesh"按钮，进行一次运算，如图 3-219 所示。

4）再利用 Smooth 笔刷对面部和其他部分进行平滑处理，如图 3-220 所示。

5）耳朵中间需要制作出凹陷的轮廓，同样，利用遮罩的方法，绘制出耳郭的基本形状，如图 3-221 所示。

6）按住<Ctrl>键，单击一下耳朵，将遮罩虚化，接着进行遮罩的反选工作，如图 3-222 所示。

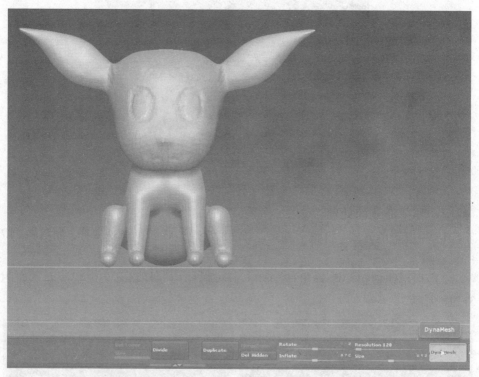

图 3-219　DynaMesh 运算

图 3-220　平滑处理

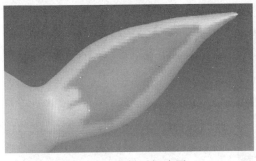

图 3-221　绘制耳郭遮罩

图 3-222　虚化遮罩

7）使用上部工具栏的移动工具，将反选后的部分向内移动，出现耳朵内部凹陷的效果，如图 3-223 所示。

8）取消遮罩，用 Smooth 笔刷进行平滑处理，如图 3-224 所示。

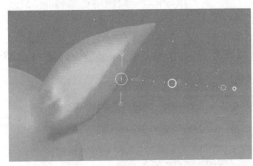

图 3-223　制造凹陷效果

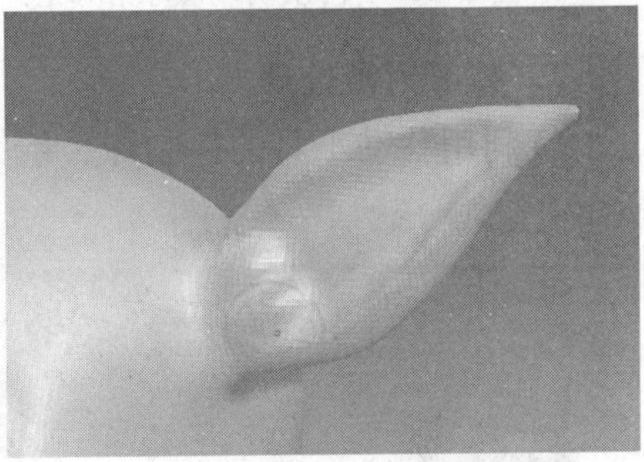

图 3-224　平滑处理

9）接着利用 Inflat 笔刷对耳朵边缘进行圆润处理，如图 3-225 所示。

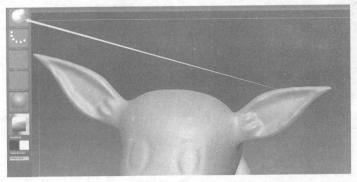

图 3-225　进行圆润处理

10）眼睛、鼻子和嘴巴的部分再次勾勒操作，使模型的面部在后期的 3D 打印时特征较为明显，如图 3-226 所示。

11）用 Standard 笔刷，在尾巴上绘制出火焰状的结构，如图 3-227 所示。

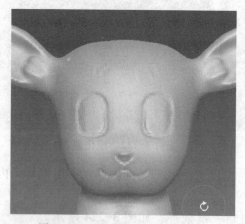

图 3-226　再次勾勒鼻子和嘴巴

图 3-227　绘制尾巴结构

3．脚部刻画处理

1）利用移动工具的控制杆，将模型脚部向上拖动，变得平整，如图 3-228 所示。

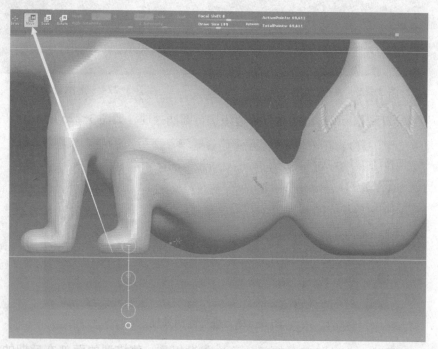

图 3-228　利用控制杆调整脚部

2）将脚部稍微调整变大，利用 Inflat 笔刷进行圆润处理，如图 3-229

所示。

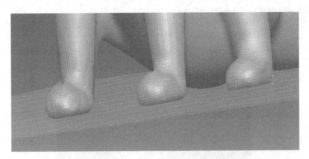

图 3-229　将脚部处理圆润

3）下面的工作是刻画脚趾，将笔刷和强度调整小，用 Standard 笔刷，在脚掌上勾画脚趾的形状，如图 3-230 所示。

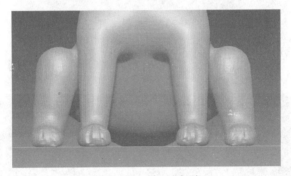

图 3-230　勾画脚趾

4．脖子部分毛发的处理

1）运用 Clay Buildup 笔刷，对脖子部分的毛发进行处理，如图 3-231 所示。

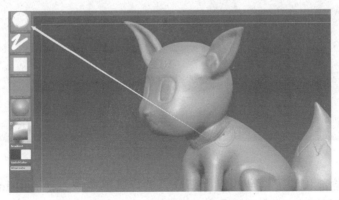

图 3-231　刷取脖子部分的毛发

2）在脖子和上肢接触的部分，采取遮罩的方法，然后继续对毛发利用 Clay Buildup 笔刷刷取，如图 3-232 所示。

图 3-232　遮罩一部分

3）按"Divide"按钮，调节拉杆将 SDiv 数值增加到 2 级，继续刷取操作，如图 3-233 所示。

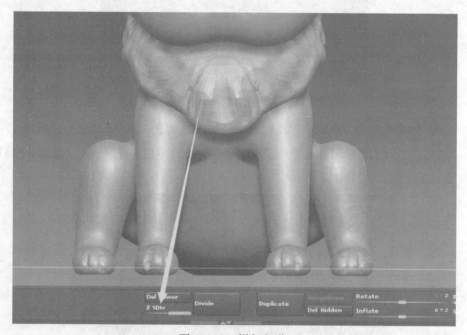

图 3-233　增加细分

4）在脸部和脖子结合的以上部分，进行遮罩操作，继而用 Inflat 笔刷对脖子边缘进行圆润处理，取消遮罩，如图 3-234 所示。

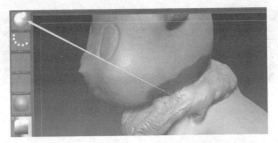

图 3-234　圆润脖子边缘

5）单击 "Divide" 按钮，将细分增加 1 级，接着单击 "Del Lower"，如图 3-235 所示。

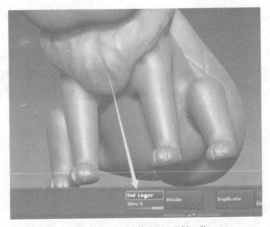

图 3-235　删除低级别细分

5．头发细节刻画

最后进行头发细节的刻画，用 Move 笔刷，在头部相应位置勾勒出头发部分，稍微调整，整个卡通形象——伊布模型建立完毕，如图 3-236 所示。之后，利用上面模型的导出方法，将模型导出为 yibu.STL 或 yibu.OBJ 3D 打印格式文件，如图 3-237 所示。

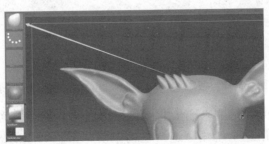

图 3-236　刻画头发细节

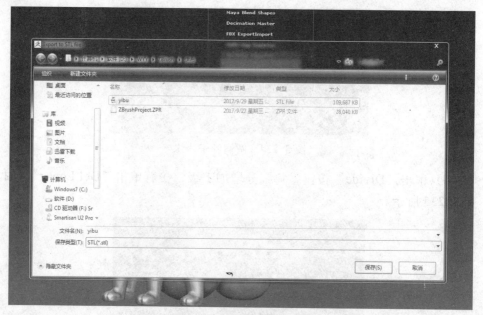

图 3-237　保存文件

　　对于头发的制作方法多样，前面的教程中采用了不同笔刷进行雕刻，还可以使用球体演变头发方式，这样的创作手法更高效、更方便。

　　1）在 Tool 工具面板上，插入球体并在工作区拖拽鼠标绘制，单击"Edit"进入编辑模式，单击"Make PolyMesh3D"按钮，为了方便观察，可以更换材质。使用 Move 笔刷来获得所需的形状，切换至 Pinch（捏挤）笔刷，收缩模型的表面，将边缘逐渐捏挤变尖，如图 3-238 所示。

图 3-238　使用 Move 笔刷和 Pinch （捏挤）笔刷

　　2）使用 hPolish 笔刷来刷出两侧和根部的头发部分，为了体现头发质感有软硬变化，就用这个笔刷塑造一些稍微硬、平整一点的效果。使用 Inflat 笔刷让头发从根部开始饱满起来，并确保它逐渐变薄，如图 3-239 所示。

3）为了获得其他造型，复制头发模型改变尖端的位置，使它们翘起或垂下，可以继续用"Move"笔刷刷出头发多余的分支。或者将不同的模型合并在一起之后使用 DynaMesh，完成之后使用 hPolish 笔刷整理模型，如图 3-240 所示。

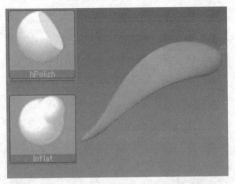

图 3-239　刷出两侧和根部的头发

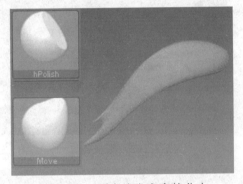

图 3-240　刷出头发多余的分支

4）用上面的方法来创建不同大小形状的头发模型，剩下的工作就是使用移动/缩放/旋转工具调整模型位置，来打造更多样的视觉效果，如图 3-241 所示。

图 3-241　调整模型位置

3.3.4 道具模型——武士刀模型建模过程

在第 1 章中，影视道具的应用方面我们可知，道具的建模非常重要，如图 3-242 所示。下面来演示道具刀的建模过程，如图 3-243 所示。

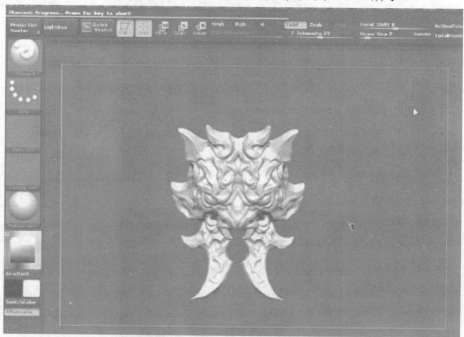

图 3-242　影视道具

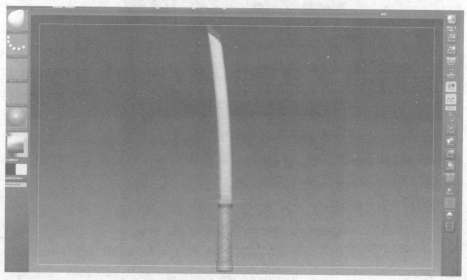

图 3-243　道具刀模型建模界面

1. 创建刀把部分

1) 在 Tool 工具单击"Simple Brush"缩略图,继而在弹出的物体栏里第二栏,点选"3D Meshes"(3D 网格)标准几何体中的"Cylinder 3D2",在工作区内单击并拖动,创建一个圆柱体,如图 3-244 所示。

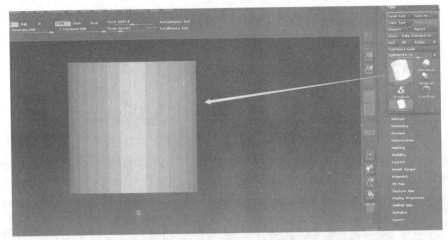

图 3-244　创建一个圆柱体

2) 按快捷键<T>键,进入 Edit 模式对圆柱体进行编辑,如图 3-245 所示。

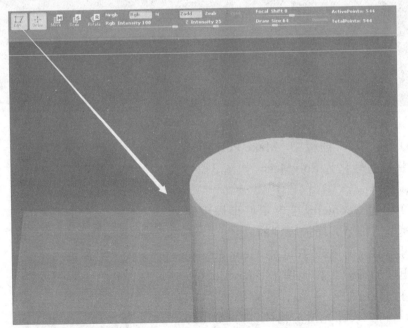

图 3-245　进入编辑模式

145

3）在 Initialize（初始设置）中找到 Align Y（Y 轴），分别用拉杆调节 Y 轴下的"X Size"数值为 11，"Y Size"数值为 21，如图 3-246 所示。

4）用快捷键<Shift+F>键或单击打开"Poly F"功能，将模型用线框栅格显示，如图 3-247 所示。

图 3-246　调节初始设置

图 3-247　打开"Poly F"

5）在 Initialize 中，拖动 VDivide 拉杆，将数值调节到 51，模型的网格块从长方形显示为正方形的效果，如图 3-248 所示。

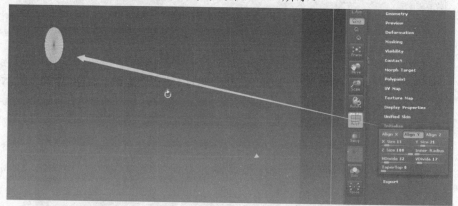

图 3-248　调节 VDivide

6）单击 Tool 面板中"Make PolyMesh 3D"，将模型转化为 PolyMesh，如图 3-249 所示。

7）因为 Geometry 能够更好地展现雕刻时模型的细节，增加模型的面数，让细节变得丰富，所以在 Tool 中 Geometry 卷展栏里增加细分。首先单击"Divide"按钮，将细分增加到 4 级，接着单击"Del Lower"，得到表面光滑的物体，如图 3-250 所示。

图 3-249　转化为 PolyMesh

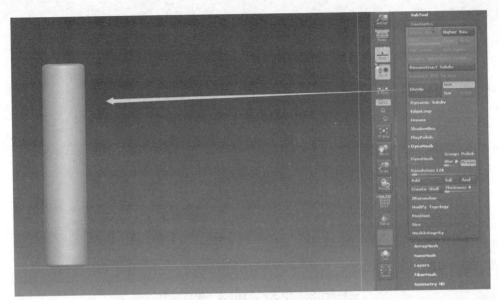

图 3-250　增加细分使表面光滑

8）按住<Ctrl>键，从模型底部开始遮罩的绘制，描绘出刀柄底托的大概位置，如图 3-251 所示。

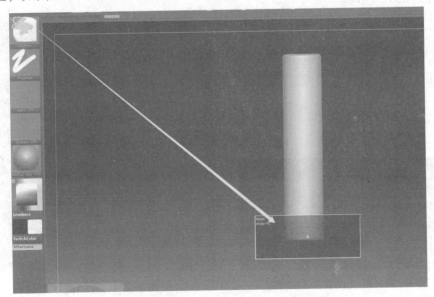

图 3-251　遮罩绘制刀柄底托

9）在 SubTool 面板下，找到 Extract 设置，调节 Thick 数值为 0.03，单击"Extract"按钮确定，生成底托效果，如图 3-252 所示。

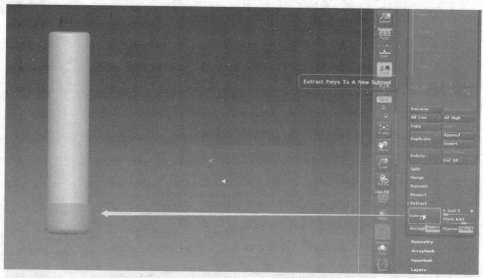

图 3-252　单击"Extract"生成底托

10）在 SubTool 面板下，将底托设置为隐藏状态，如图 3-253 所示。

11）按住<Ctrl>键，在模型以外的画布区域拖动，取消底托部分的遮罩，如图 3-254 所示。

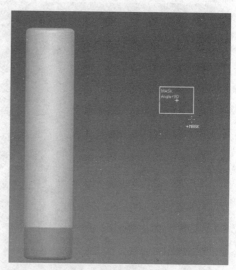

图 3-253　底托设置为隐藏状态

图 3-254　取消遮罩

12）在 Transform（变换）菜单中，单击"Activate Symmetry"（激活对称性）按钮，打开>X<、>Z<，进行 X 轴和 Z 轴方向上的镜像操作，如图 3-255 所示。

13）在 Alpha 通道点选"Alpha 28"方块形状，如图 3-256 所示。

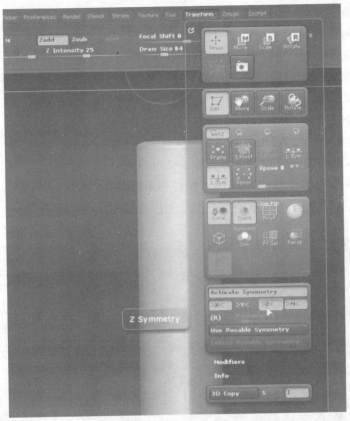

图 3-255　激活对称

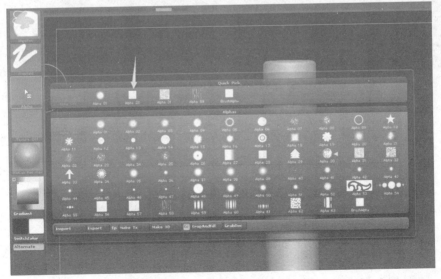

图 3-256　选择"Alpha 28"方块

14）调节笔刷大小，按住<Ctrl>键，运用遮罩进行均匀绘制花纹，如图 3-257 所示。

15）在 Strokes 面板中，选择 Spray（喷散）的笔触；在 Alpha 通道点选"Alpha 31"的贴图，如图 3-258 所示。

16）按<X>快捷键将对称关闭，分别调整 Draw Size（画笔大小）和 Z Intensity（笔刷强度）数值，绘制遮罩以外的部分纹理效果，如图 3-259 所示。

17）纹理效果绘制出来以后，按住<Ctrl>键，单击画布空白区域，对遮罩进行反选，如图 3-260 所示。

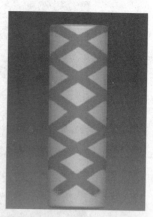

图 3-257　用遮罩绘制花纹

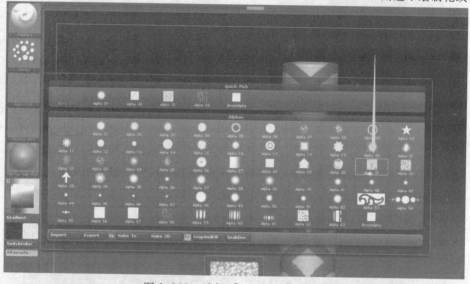

图 3-258　选择"Alpha 31"贴图

图 3-259　绘制纹理效果

图 3-260　反选遮罩

18）Tool> Deformation 选项里找到"Inflate"，调节拉杆将刀柄部分挤出一定的厚度，如图 3-261 所示。

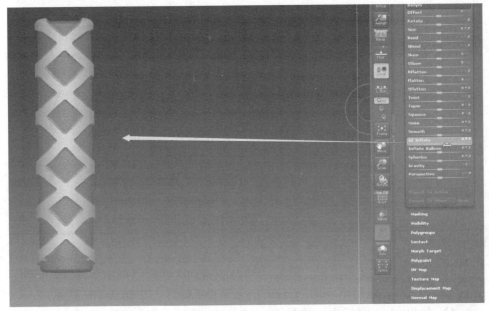

图 3-261　挤出刀柄部分

2. 护手的制作

1）清空画布，在 3D Meshes 16 种标准几何体中，选择物体"Plane3D"，在工作区内单击并拖动，创建一个面片，如图 3-262 所示。

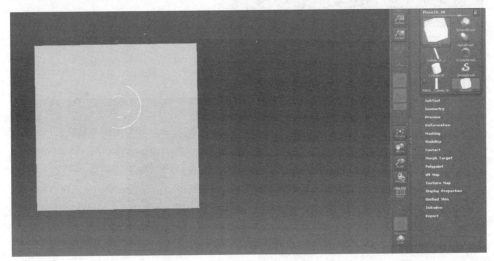

图 3-262　创建一个面片

2）在 Tool>Geometry 卷展栏里增加细分，单击"Divide"按钮，将细分增加到 5 级，接着单击"Del Lower"，如图 3-263 所示。

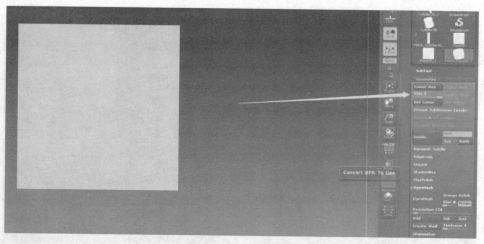

图 3-263　增加细分

3）在 Transform 菜单中，单击"Activate Symmetry"（激活对称性）按钮，打开>X<、>Y<，进行 X 轴和 Y 轴方向上的镜像操作，如图 3-264 所示。

4）在 Strokes 面板中，选择 Drag Rect 的笔触，如图 3-265 所示。

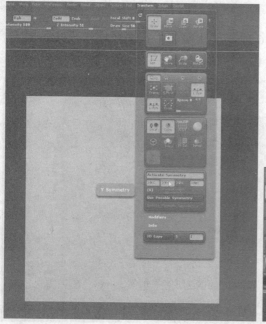

图 3-264　激活对称

图 3-265　选择 Drag Rect 笔触

5）Alpha 通道仍选择方形的贴图，捕捉到方形面片的中心点，按住<Ctrl>键打开遮罩，进行方形遮罩的绘制，再次捕捉到方形面片的中心点，按住<Ctrl+Alt>键，进行中间方形的绘制，如图 3-266 所示。

6）同理，按住<Ctrl>键打开遮罩，完成中间小方形遮罩的绘制，如图3-267 所示。

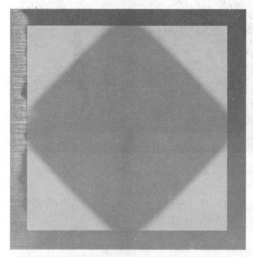 

图 3-266　捕捉心点绘制方形　　　　　　图 3-267　绘制中间小方形

7）在 SubTool 面板下，找到 Extract 设置，调节 Thick 数值为 0.06，单击"Extract"按钮确定，生成新的模型，如图 3-268 所示。

图 3-268　单击"Extract"生成新模型

8）在 SubTool 面板下，点选"Delete"按钮，将最初建立的面片删除掉，得到护手模型的效果，如图 3-269 所示。

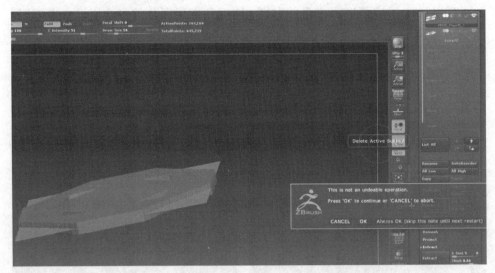

图 3-269　删除最初建立的面片

9）在画布里拖动出已经制作出的刀柄，在 SubTool 面板下，利用 Append 按钮，添加已经制作好的护手模型，如图 3-270 所示。

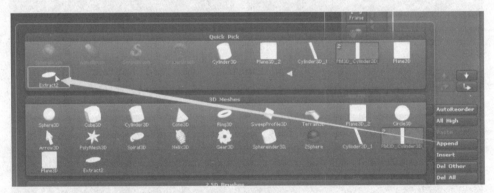

图 3-270　添加护手模型

10）在 SubTool 面板下，点选新的物体，利用 Rotate 工具，调整和旋转角度，使护手和刀柄垂直，如图 3-271 所示。

11）在 Tool> Deformation 卷展栏里，拖动 Size 拉杆来调节护手的大小，如图 3-272 所示。

12）单击右导航栏里的按钮，打开 Transp 功能，观察刀柄和护手的比例大小；增加护手的厚度，调整护手大小，反复打开和关闭 Transp 功能来进行观察和调整，直到调整到最佳的效果，如图 3-273 所示。

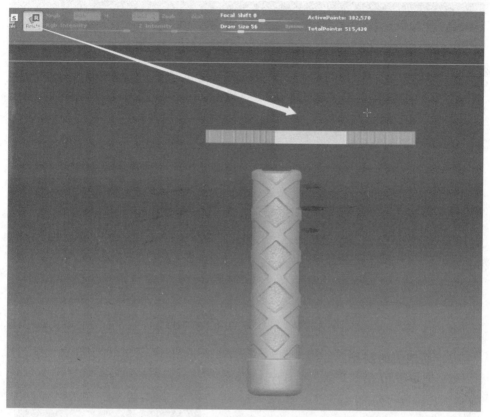

图 3-271 调整护手和刀柄的位置

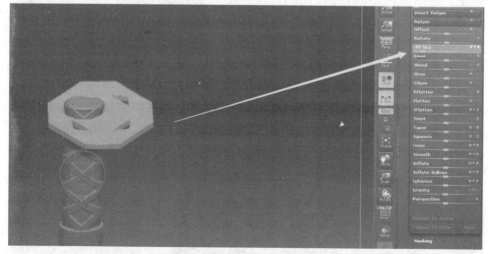

图 3-272 调节护手的大小

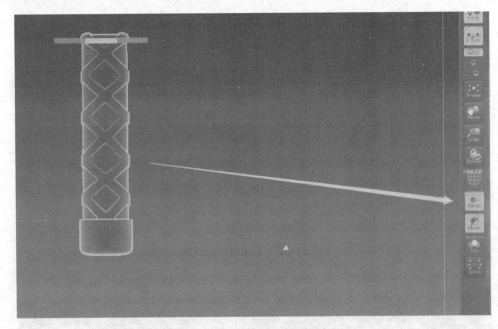

图 3-273　打开 Transp 观察和调整

3．切削刃的制作

1）退出 Edit 模式，按<Ctrl+D>键清空画布，如图 3-274 所示。

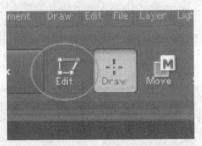

2）在 Tool 工具单击"Simple Brush"缩略图，继而在弹出的物体栏里第二栏 3D Meshes 标准几何体中，选择物体"Cube3D"，在工作区内单击并拖动，创建一个正方体。按快捷键<T>键，进入 Edit 模式对立方体进行编辑，如图 3-275 所示。

图 3-274　退出编辑模式

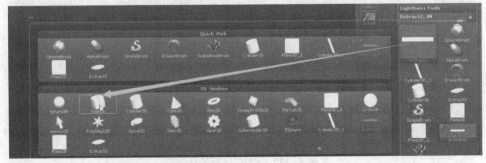

图 3-275　创建一个正方体

3）在 Initialize 中找到 Align Y（Y 轴），分别用拉杆调节 Y 轴下的"X Size"数值为 3，"Y Size"数值为 23，Sides Count（边数）数值为 8，VDivide 分段数值增加到 25，切削刃效果初步完成，如图 3-276 所示。

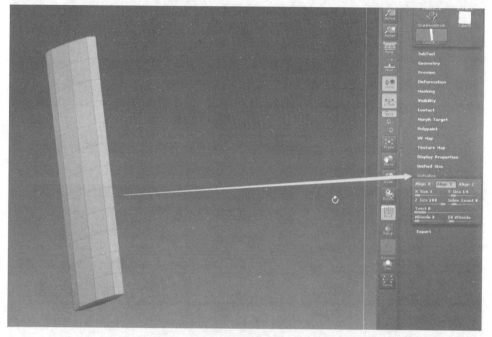

图 3-276　调整 Initialize

4）清空画布，在画布里创建制作好的刀柄，如图 3-277 所示。

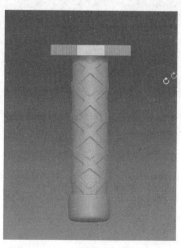

图 3-277　创建制作好的刀柄

5）在 SubTool 面板下，利用 Append 按钮，添加已经制作好的切削刃模型，如图 3-278 所示。

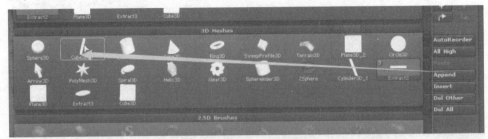

图 3-278　添加切削刃模型

6）在 SubTool 面板下，点选切削刃，移动到刀柄的上部，进行拉伸调节其长度，如图 3-279 所示。

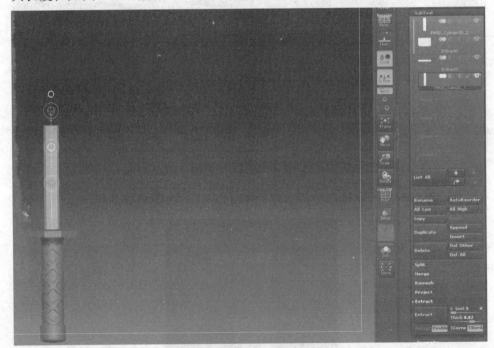

图 3-279　拉伸调节长度

7）在 Tool> Deformation 卷展栏里，拖动 Size 拉杆来调节切削刃的大小，如图 3-280 所示。

8）打开和关闭 Transp 功能来进行观察和调整，调整切削刃到护手的中心位置，如图 3-281 所示。

9）在 Tool> Deformation 卷展栏里，找到 SBend（光滑弯曲），拖动 Size

拉杆调节为 1，道具刀弯曲效果如图 3-282 所示。

图 3-280　调节 Size

图 3-281　打开 Transp 进行调整

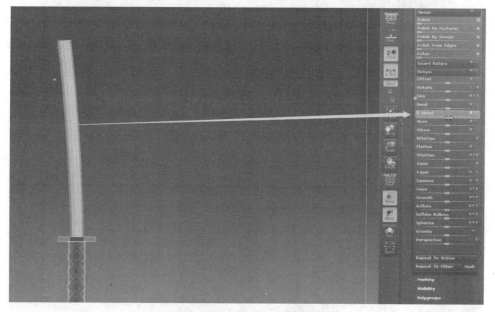

图 3-282　道具刀弯曲效果

10）利用 Rotate 工具，调整和旋转角度，使切削刃和护手中心位置垂直，如图 3-283 所示。

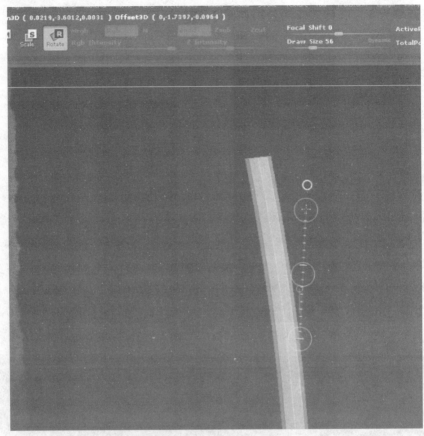

图 3-283　调整和旋转角度

11)在 Tool> Geometry 卷展栏里增加细分,关闭 Smt(光滑),单击"Divide"按钮,将切削刃细分增加到 4 级,接着单击"Del Lower",如图 3-284 所示。

图 3-284　删除低级别细分

12）按住<Ctrl+Shift>快捷键调出笔刷菜单，选择 ClipCircleCenter（中心环形裁切）笔刷，如图 3-285 所示。

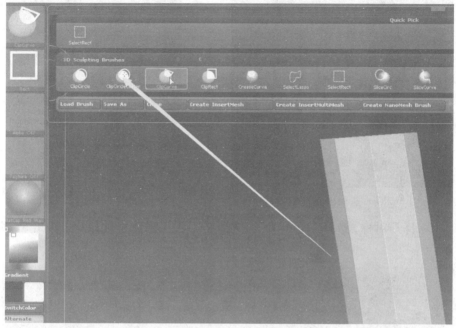

图 3-285　选择中心环形裁切笔刷

13）在笔触里面选择第三个裁切方式"Curve"来进行操作，如图 3-286 所示。

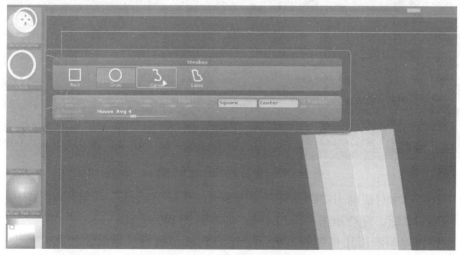

图 3-286　选择"Curve"裁切方式

14）从切削刃的上方单击左键开始裁切，这时出现的是直线；按住<Alt>键，拖动出具有弧度的曲线，将刀尖的弧度制作出来，如图 3-287 和图 3-288 所示。

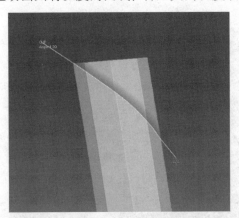

图 3-287　拖动出弧度的曲线

图 3-288　制作出刀尖的弧度

15）打开对称，选择"Hpolish"笔刷，将刀尖压出光滑的效果，如图 3-289 所示。

图 3-289　将刀尖压出光滑的效果

16）再次对切削刃进行细分，关闭 Smt，单击"Divide"按钮，将切削刃细分增加到 2 级，接着单击"Del Lower"，如图 3-290 所示。

17）对切削刃和模型的其他部分进行观察和调整直至最佳状态，整个道具刀的模型制作完毕，如图 3-291 所示。

按照模型的导出方法，在插件中设置好模型的尺寸和输出的空间角度，将道具刀模型导出为 dao.STL 或者 dao.OBJ 格式的打印文件，以利于下一步的切片工作，如图 3-292 所示。

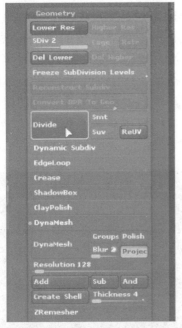

图 3-290　增加细分

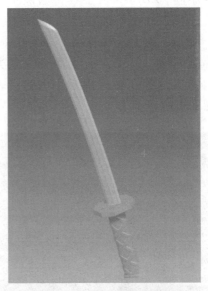

图 3-291　模型制作完毕效果

图 3-292　导出模型

3.3.5 机械零件模型——机械盒模型建模过程

ZBrush 中的机械体雕刻属于硬表面雕刻范畴，其方法与生物体的雕刻完全不同，ZBrush 在工具和功能上对机械体的雕刻有完美的解决方案，硬表面建模，同生物体相比，机械体表面光滑、规整，各个结构之间契合紧密。而且，为了机械体各个部分之间的连接以及运动，上面会安装各种螺钉等紧固件，以及连杆或者滑轮之类的转动件。由于机械体具有硬朗、利落的特点，更能够成为工业化的代表，被广泛应用到游戏和影视等领域，如图 3-293 所示。

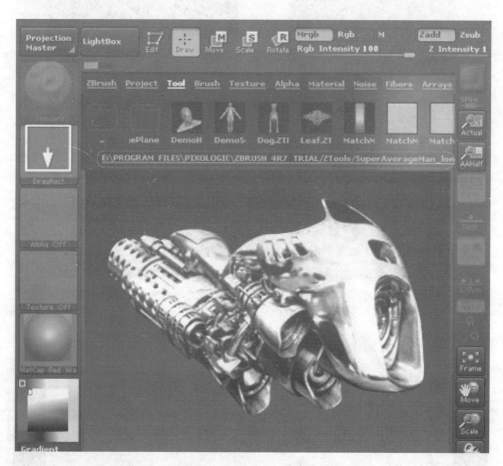

图 3-293　机械硬表面雕刻

下面开始机械盒子的建模过程，最终效果如图 3-294 所示。

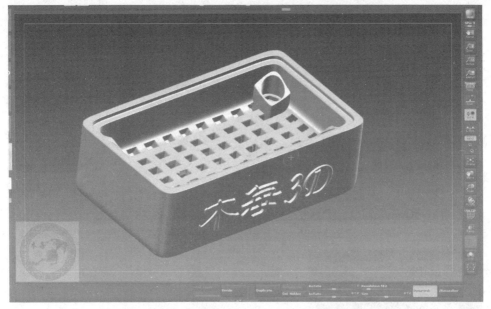

图 3-294　机械盒

1．创建盒子外形

1) 在 Tool 工具单击"Simple Brush"，继而在弹出的物体栏里第二栏 3D Meshes 16 种标准几何体中，选择物体"Cube3D"，在工作区内单击并拖动，创建一个立方体，如图 3-295 所示。

图 3-295　创建一个立方体

2) 按快捷键<T>键，进入 Edit 模式对立方体进行编辑。单击打开"Poly F"功能，将立方体用线框显示。单击右导航栏里的"Floor"按钮，打开地面网格显示功能，将立方体调整至正方向位置，如图 3-296 所示。

3) 单击 Tool 面板中"Make PolyMesh 3D"，将立方体转化为 PolyMesh，要转为多边形物体才能进行雕刻编辑，如图 3-297 所示。

4) 单击"Divide"按钮，调节拉杆将 SDiv 数值调节到 6，这样立方体细分达到了 6，如图 3-298 所示。

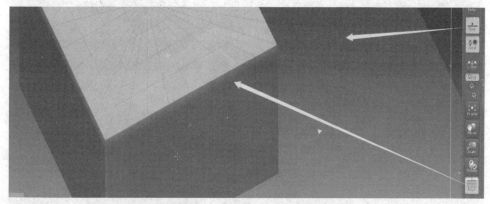

图 3-296 打开显示线框和地面网格

图 3-297 转为多边形物体

图 3-298 增加细分

5) 调出控制杆，按住<Shift>键，对立方体进行正比例拖拽，如图 3-299 所示。

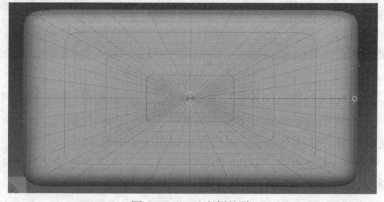

图 3-299 正比例缩放

6) 在右侧 SubTool 面板，点选"Duplicate"按钮进行复制，如图 3-300 所示。

7) 单击右导航栏里的按钮，打开"Transp"和"Ghost"，如图 3-301 所示。

8) 把复制出的物体，拖动"Size"来改变大小尺寸，如图 3-302 所示。

在这里要用到切割类笔刷，也叫作剪切类笔刷，其主要的作用是对形体进行表面切割，以得到平整的曲线或者平面，切割笔刷包括 ClipCircle、ClipCircleCenter、ClipCurve、ClipRect 四个，每个笔刷的笔画不同。

图 3-300　复制一个

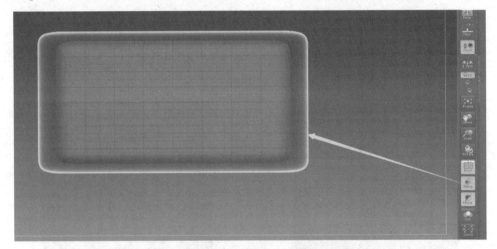

图 3-301　打开透明显示和幽灵显示

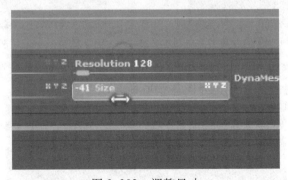

图 3-302　调整尺寸

9) 点选第一个建立的立方体，在左边的笔刷里选择 ClipCurve（曲线裁切）笔刷，从下往上进行操作，将上面部分裁切掉，如图 3-303 所示。

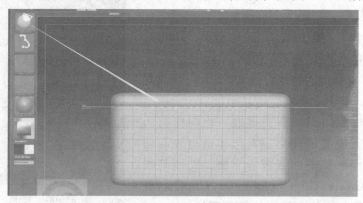

图 3-303　裁切掉上面部分

10）首先把调整好的复制一个，在 SubTool 面板下找到第二个模型，选择差集的设置，利用调节杆将物体进行调整，如图 3-304 所示。

11）在 SubTool 面板下选择第一个子模型，找到 Merge 选项，单击"MergeDown"按钮进行运算，如图 3-305 所示。

图 3-304　选择差集　　　　　　　　图 3-305　单击"MergeDown"

12）将其 Resolution 调为 256，接着，按下 DynaMesh 按钮，经过运算之后，得到初步的盒子外形，如图 3-306 所示。

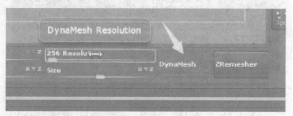

图 3-306　DynaMesh 运算

2．创建盒子四角螺孔

1）将 SubTool 面板下选择第二个
子模型，利用调节杆将其缩小为正方
体，如图 3-307 所示。

2）接着拖动 Size 拉杆来使其等
比例缩小。

关闭 Size 中的 X 轴和 Z 轴选项，
利用拉杆调节 Y 轴到一定的大小，如
图 3-308 所示。

图 3-307　使用调节杆缩小物体

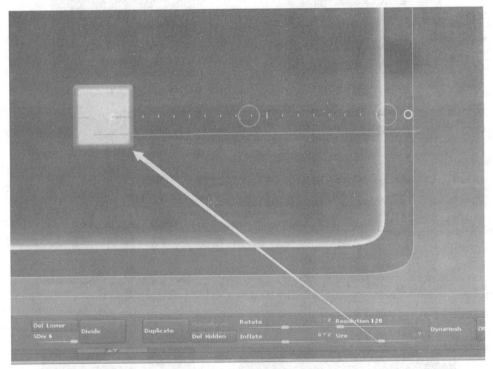

图 3-308　调节 Y 轴尺寸

3）点选 3D Meshes 标准几何体中的"Cylinder 3D2"，创建一个圆柱体，
然后在 Initialize 面板中为物体增加段数，如图 3-309 所示。

4）与前面的立方体相同，单击 Tool 面板中"Make PolyMesh 3D"，将圆
柱体转化为"PolyMesh"，如图 3-310 所示。

5）选择外面盒子主体，单击"Insert"（插入）按钮，插入圆柱体，如图
3-311 所示。

6）单击"Rotate"工具，调整和旋转角度为45°，移动到长方体上面，如图 3-312 所示。

7）移动和调节圆柱体的位置，可以看到圆柱体和长方体结合的接缝，将圆柱体高度降低直到看不到接缝，如图 3-313 所示。

图 3-309　增加段数

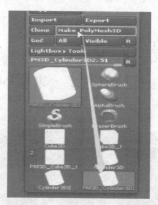

图 3-310　转化为"PolyMesh"

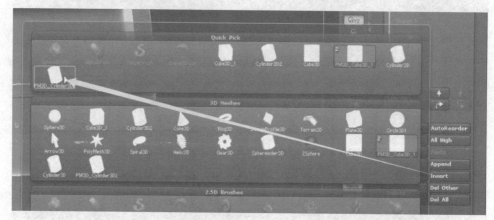

图 3-311　插入圆柱体

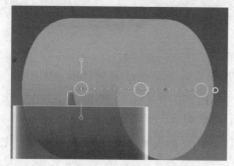

图 3-312　调整位置

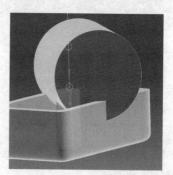

图 3-313　移动调节圆柱体的位置

8）在 SubTool 面板下选择圆柱体的模式，调整为差集模式，如图 3-314 所示。

9）在 SubTool 面板下选择长方体，找到 Merge 选项，单击"MergeDown"按钮，如图 3-315 所示。

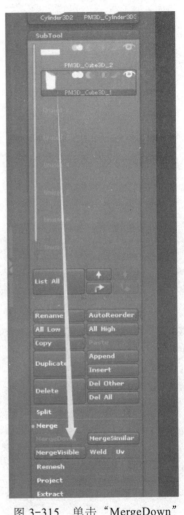

图 3-314　选择差集模式　　　　图 3-315　单击"MergeDown"

10）运算后，将其 Resolution 调为 256，接着按下"DynaMesh"按钮，经过运算之后，长方体得到初步的一个倒角，如图 3-316 所示。

11）单击 SubTool 面板下"ClayPolish"（黏土抛光），使这个结构的边缘变得平滑，如图 3-317 所示。

12）单击"Insert"按钮，插入圆柱体，如图 3-318 所示。

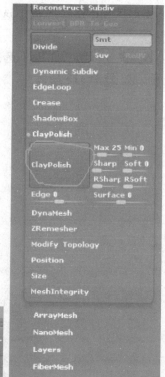

图 3-316　使用"DynaMesh"运算　　　　图 3-317　单击"ClayPolish"

图 3-318　插入圆柱体

13）拖动 Size 拉杆来调节圆柱体大小，将视角调整到斜侧面，这样可以观察到圆柱体和长方体的高度是否合适，如图 3-319 所示。

14）把圆柱体在 SubTool 面板下的设置改为差集，接着在 SubTool 面板下选择长方体，找到"Merge"选项，单击"MergeDown"按钮运算，如图

3-320 所示。

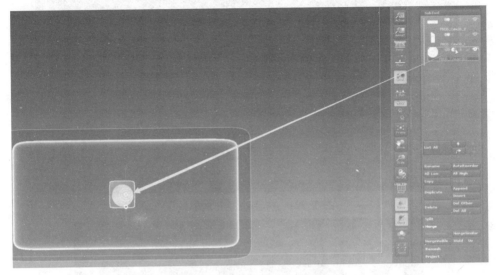

图 3-319　拖动调节圆柱体大小

图 3-320　单击"MergeDown"

15）按下"DynaMesh"按钮，经过运算之后，得到中间剪出孔洞的效果，如图 3-321 所示。

16）点选 3D Meshes 标准几何体中的"Cylinder 3D2"，创建一个基础圆柱体，如图 3-322 所示。

17）在 Initialize 中找到"HDivide"，利用拉杆调节数字为 6，使圆柱体变为六面体，如图 3-323 所示。

18）单击 Tool 面板中"Make PolyMesh 3D"，将圆柱体转化为"PolyMesh"，如图 3-324 所示。

19）找到已经中间打孔的长方体，利用 SubTool 面板下"Insert"按钮，插入六面体，如图 3-325 所示。

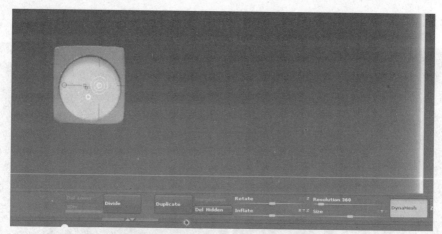

图 3-321　得到中间孔洞的效果

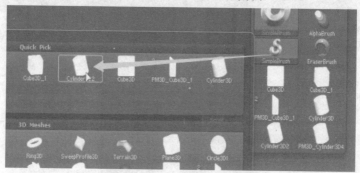

图 3-322　创建圆柱体

图 3-323　边数调节为 6

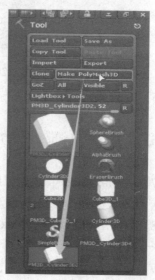

图 3-324　转化为"PolyMesh"

174

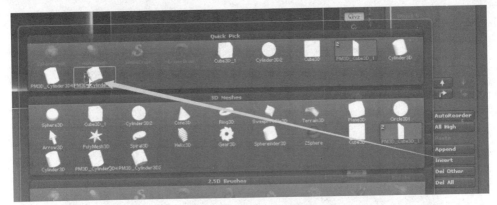

图 3-325　插入六面体

20）在 SubTool 面板下，将外框物体设置为隐藏，如图 3-326 所示。

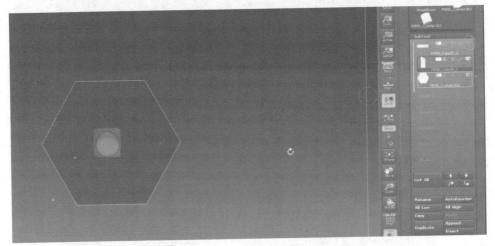

图 3-326　隐藏外框物体

21）拖动 Size 拉杆来调节六面体的大小，置于圆形孔之间，如图 3-327 所示。

22）按住<Shiift>键锁定，使六面体只能沿规定的轴向上下移动，关闭"Ghost"观察，如图 3-328 所示。

23）把六面体在 SubTool 面板下的设置改为差集，接着在 SubTool 面板下选择有倒角的长方体，找到 Merge 选项，单击"MergeDown"按钮运算，如图 3-329 所示。

24）运算后，将其 Resolution 调高为 560，接着按下"DynaMesh"按钮，经过运算之后，长方体孔洞内部得到六角形的一个螺孔，如图 3-330 所示。

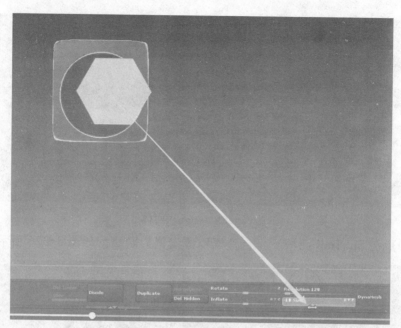

图 3-327　调节六面体的大小

图 3-328　关闭"Ghost"

图 3-329　单击"MergeDown"

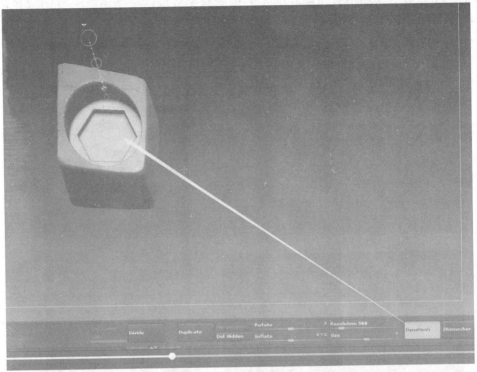

图 3-330　按下"DynaMesh"运算

25) 在 SubTool 面板下，将盒子外框的设置改为显示状态，如图 3-331 所示。

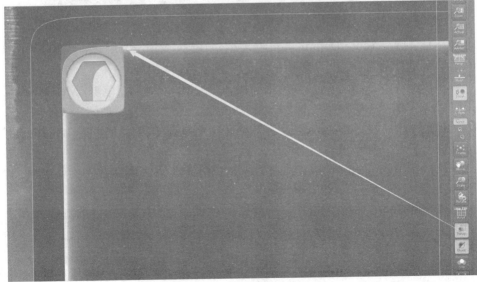

图 3-331　显示盒子外框

26）调节移动带六角螺孔的长方体到盒子外框的一个角落，分别打开和关闭"Ghost"进行观察和调整，使长方体移动到与盒子外框合适的位置，如图 3-332 所示。

27）接着要将这个带螺孔的长方体复制到其他几个角落，在 SubTool 面板下，找到这个长方体，点选"Duplicate"按钮进行复制，如图 3-333 所示。

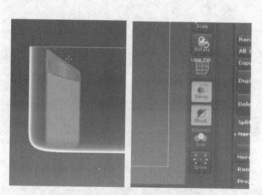

图 3-332 调节移动六角螺母   图 3-333 点选"Duplicate"按钮进行复制

28）之后在 Tool> Deformation 卷展栏里找到"Mirror"并单击，如图 3-334 所示。

29）SubTool 面板下的设置运用并集，找到 Merge 选项，单击"MergeDown"按钮进行运算，这样就在 X 轴方向上制作出了另一个螺孔，如图 3-335 所示。

30）同理，在 SubTool 面板下，找到这个复合的物体，点选"Duplicate"按钮进行复制，如图 3-336 所示。

31）在 Tool>Deformation 选项里找到 Mirror 改为 Z 轴并单击，如图 3-337 所示。

32）SubTool 面板下的设置运用并集，找到 Merge 选项，单击"MergeDown"按钮进行运算，这样就在对称的方向上制作出了另外一对螺孔，如图 3-338 所示。

33）在 SubTool 面板下，对四个螺孔进行隐藏状态的设置，对外框盒子进行编辑，如图 3-339 所示。

图 3-334　单击"Mirror"　　　　图 3-335　单击"MergeDown"按钮进行运算

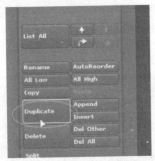

图 3-336　点选"Duplicate"按钮进行复制　　　　图 3-337　镜像改为 Z 轴

图 3-338　制作对称螺孔　　　　图 3-339　隐藏四个螺母

3．盒子凹槽的制作

1）在 SubTool 面板下，找到这个盒子外框，点选"Duplicate"按钮进行复制，将另外一个外框设置为隐藏状态，如图 3-340 所示。

2）按住<Ctrl+Shift>快捷键调出硬表面常用的各类笔刷，运用最后一个 TrimRect 对模型进行裁剪，如图 3-341 所示。

图 3-340　点选"Duplicate"

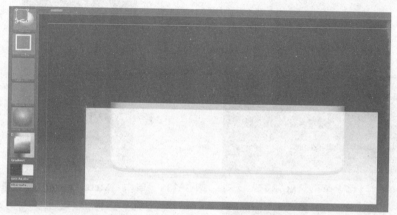

图 3-341　使用 TrimRect 笔刷进行裁剪

3）当选择好笔刷操作时，从下往上对物体裁剪，效果如图 3-342 所示。

4）同样方法，运用笔刷从上面再操作一次，效果如图 3-343 所示。

5）对物体进行一次 DynaMesh 运算，如图 3-344 所示。

6）对新剪切出的物体进行缩放操作，使其小于盒子外框，再次修剪下边使其整齐，如图 3-345 所示。

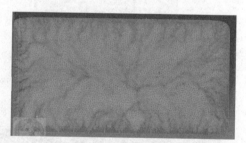

图 3-342　观察面

7）在 SubTool 面板下，找到这个调整好的物体，设置运用差集，点选盒子外框，在 Merge 选项中，单击"MergeDown"按钮进行运算，如图 3-346 所示。

8）对运算后的物体进行一次 DynaMesh 运算，如图 3-347 所示，观察得到的新物体效果，盒子的凹槽部分制作完成。

图 3-343　再次运用笔刷裁剪

图 3-344　进行 DynaMesh 运算

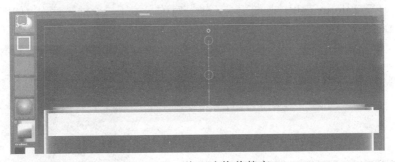

图 3-345　将下边修剪整齐

图 3-346　单击"MergeDown"按钮进行运算

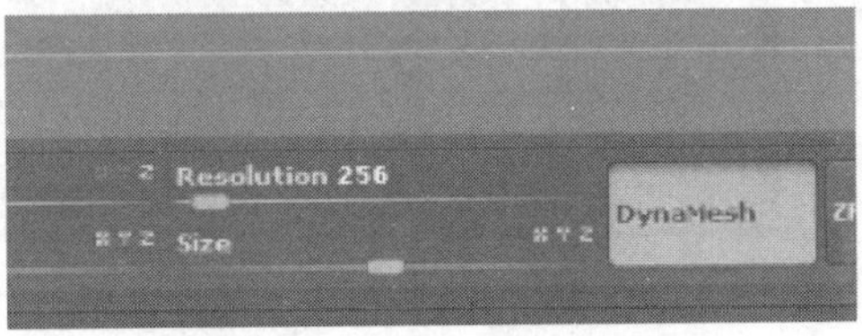

图 3-347　DynaMesh 运算

4．栅格孔的制作

1）绘制遮罩之前，单击"Divide"按钮，调节拉杆将 SDiv 数值调节到 3，这样新物体细分达到了 3 级，如图 3-348 所示。

2）按<X>键打开对称，按住<Ctl>

图 3-348　增加细分

键，将绘制方式改为"Rect"，开始遮罩的绘制，如图 3-349 所示。

图 3-349　绘制遮罩

3）分别绘制出六条横向均匀的遮罩，对不理想的绘制进行修剪，如图 3-350 所示。

4）在 Tranform 菜单中，打开"Z 轴"对称，关闭"X 轴"对称，如图 3-351 所示。

图 3-350　绘制出六条横向遮罩　　　　图 3-351　打开"Z 轴"对称

5）继续在竖向进行绘制、修剪，得到十条均匀的遮罩，如图 3-352 所示。

6）对盒子外沿的四个边进行遮罩，如图 3-353 所示。

7）在 Inflate 功能中调整出凹槽，如图 3-354 所示。

8）单击"Divide"按钮，调节拉杆将 SDiv 数值降低到 1，如图 3-355 所示。

9）在画布空白处，按住<Ctl>键拖动取消遮罩，得到底部镂空的效果，如图 3-356 所示。

图 3-352　在竖向进行绘制遮罩

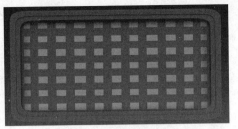

图 3-353　绘制盒子外沿遮罩

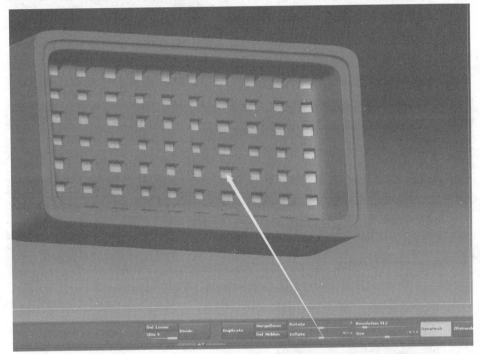

图 3-354　调整出凹槽

图 3-355　降低细分

图 3-356　取消遮罩

10）在 SubTool 面板下，找到四个角的螺母，设置回显示状态，并复制新物体，如图 3-357 所示。

11）原来四个角的螺孔设置运用差集，点选盒子外框，在 Merge 选项中，单击"MergeDown"按钮进行运算，如图 3-358 所示。

12）现在确保 SubTool 下两个物体的状态都为并集，再次单击"MergeDown"按钮进行运算，如图 3-359 所示。

图 3-357　显示四个角的螺母

13）在运算后的物体中，单击"Divide"按钮，调节拉杆将 SDiv 数值调节到 2，接着 Del Lower，如图 3-360 所示，底部的栅格孔制作完毕了。

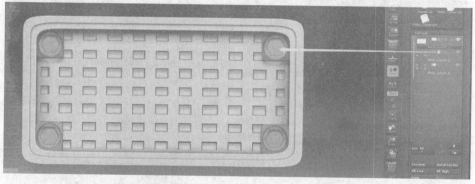

图 3-358　单击"MergeDown"按钮进行运算

图 3-359　再次单击"MergeDown"

图 3-360　删除低层级细分

5．绘制 LOGO

1）在 PHOTOSHOP 软件中，制作一张黑白贴图，在 Alpha 通道单击"Import"（导入），打开"Import Image"（导入图片）对话框，导入制作好的贴图，如图 3-361 所示。

2）在笔触里，选择拖拽的方式，在盒子表面拖拽出浮雕的 LOGO，如图 3-362 所示。

接下来，导出 3D 打印所需的格式，如图 3-363 所示。

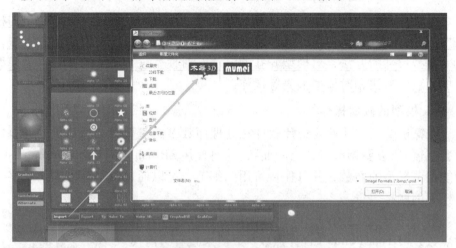

图 3-361　导入贴图

图 3-362　拖拽出浮雕 LOGO

图 3-363　导出文件

3.3.6 ZBrush 建模与模型 3D 打印相关技巧

在 ZBrush 建模和 3D 打印的配合过程中，涉及一些通过经验总结出的相关技巧，主要有模型的减面操作，导出 SubTool 的方法，模型的测量方法，改变模型尺寸的方法，对模型开孔的方法，对模型进行切分的方法，为模型添加颜色的方法和对模型抽壳等操作。

1. 模型的减面操作

计算机的三维软件或切片软件在处理面数多的模型时，计算机的运算速度会减慢，所以要调整成适当的面数，这时使用 ZBrush 中的 Decimation master 功能调节模型的面数，并且保持可用的细节。可以通过以下两种方式观察当前模型的网格数量。

第一种是，通过顶部工具架右侧的 ActivePoints（活动点数）和 TotalPoints（合计点数）数值来查看当前模型的网格数量。如果屏幕分辨率不足以显示顶部工具架上全部的命令，这两个参数可以在 Preferences>Misc（参数>杂项）命令中找到，如图 3-364 所示。

图 3-364 观察点数

第二种是，将鼠标指针停留在 Tool 菜单当前模型的工具图标上数秒，便可以显示当前模型的相关信息，如图 3-365 所示。

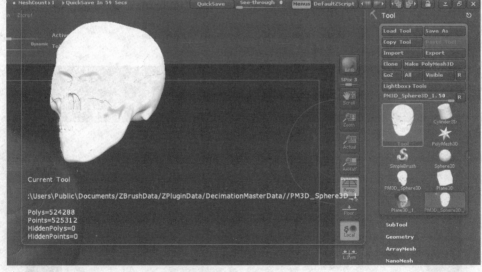

图 3-365 模型信息

下面来看减面的详细过程：

1）在菜单 Preferences 中找到最底部的 Decimation Master 设定，如图

3-366 所示。

2）在设定中，将 Use and Keep Polypaint（使用和保持颜色）选项打开，用于打印多种颜色，如图 3-367 所示。

图 3-366　找到 Decimation Master 设定　　图 3-367　打开"使用和保持颜色"选项

3）在 ZBrush 菜单的 Zplugin 下找到"Decimation Master"插件，如图 3-368 所示。

4）单击"Pre-process Current"（预算处理），要先经过对模型进行计算，然后才能开始减面。这个功能是必须用到的，如图 3-369 所示。

5）接着向左拖动% of decimatong（减面的百分比）来减少模型的面数，一般为 10 的倍数效果比较好，单击"Decimate Current"（减掉当前预算的面数）执行运算，调出网格显示来观察减面后的效果。以上减面的方式针对高面数模型和单一物体，如图 3-370 所示。

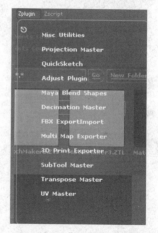

图 3-368　单击"Decimation Master"

图 3-369　单击"预算处理"

图 3-370　减少模型面数百分比

2. 导出 SubTool 的方法

1）在 SubTool 中按下 "List All" 可以显示所有 SubTool，按下字母键可快速选择对应名称的 SubTool。Merge Down 向下合并一个 SubTool，Merge Visible 合并所有可见的 SubTool，如图 3-371 所示。

图 3-371　SubTool 管理工具

2）使用插件 SubTool Master 或在 SubTool 下面有一个 Merge Down 来完成。在弹出的快捷菜单中，选择 "OK"，将合并 SubTool 图层，如图 3-372 所示。

3）将单独的模型分割为 SubTool，不在同一组的，在 Polygroups 中单击 "Auto groups"，然后按下 <Shift+Ctrl> 键并单击模型的一部分进行单独显示，如图 3-373 所示。

4）然后在 Split 中找到 "Split Hidden"，就分离出了隐藏的部分，用同样的方法分离出模型的其他部分，如图 3-374 所示。

图 3-372　SubTool Master

图 3-373　自动分组

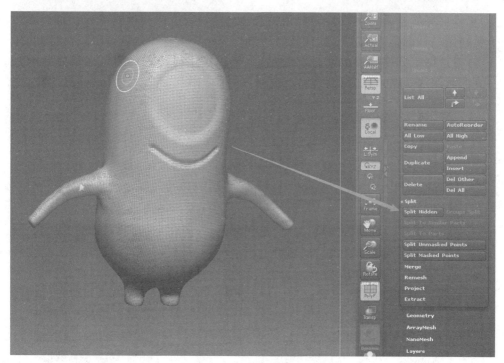

图 3-374　分离隐藏

3．模型的测量方法

1）在 Preferences 菜单中找到 Transpose Units，首先单击"Set Units"将

单位修改成 mm，如图 3-375 所示。

图 3-375　修改单位设置

2）然后将第一个拉杆的数值调整为 1，接着按快捷键<W>拉出操纵杆，观察操纵杆的最大刻度，如图 3-376 所示。

3）每个刻度为 1mm，鼠标放置在操纵杆上时，屏幕的左上角会显示数值，如图 3-377 所示。

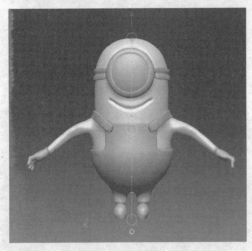

图 3-376　观察操纵杆刻度

图 3-377　测量数值

4）同理，可以测量模型最薄部分的厚度，来确定 3D 打印机是否能打印。如果过薄，可以使用遮罩将薄的地方遮罩住，然后按下<Ctrl>键并单击空白处，使用之前学过的 Inflate 功能进行加厚，如图 3-378 所示。

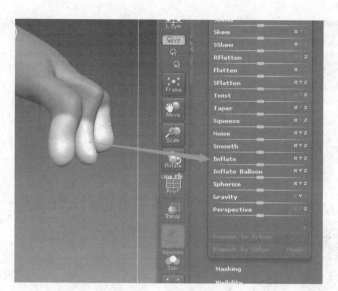

图 3-378　调整膨胀参数

4．改变模型尺寸的方法

在头骨模型的导出章节，学习了导出的方法，利用导出插件来改变模型的尺寸，现在学习另一种方法，使用 Geometry 中的 Size 来调节模型尺寸，如图 3-379 所示。

5．对模型进行切分的方法

1）在 Polygroups 中单击 "GroupVisible"，使当前显示的面成为一组，如图 3-380 所示。

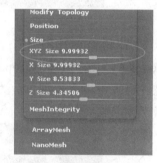

图 3-379　尺寸拉杆

2）选择 Slice Rec 笔刷，将模型从中间一分为二。在 Split 中选择 "Groups Split"。这样模型就被分成两个物体可以分别导出，如图 3-381 和图 3-382 所示。

图 3-380　显示编组

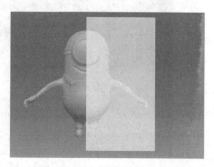

图 3-381　将模型分为两半

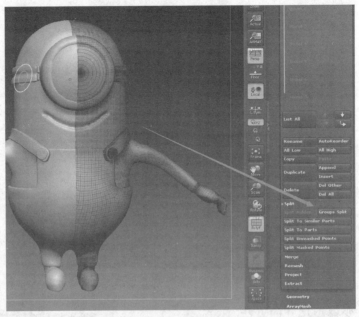

图 3-382　分离组

3）将模型切分两个部分后，如果要确保分开的面是封闭的，使用 Geometry 中的 Modify Topoiogy 功能，单击"Glose holes"，如图 3-383 所示。这种方式可以将模型拆分为不同部分，分开进行打印，然后再进行拼接，省去支撑结构，打印之后的效果更为理想。

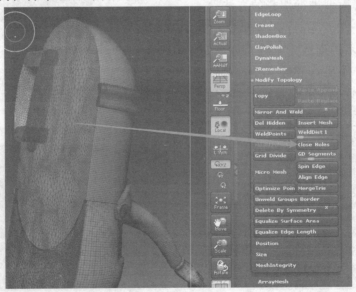

图 3-383　封闭开口

6．对模型开孔的方法

1）首先在模型方便开孔的地方绘制遮罩，如图 3-384 所示。

2）接下来单击"Edgeloop Masked Border"按钮，生成一个边界，如图 3-385 所示。

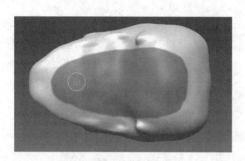

图 3-384　绘制遮罩

图 3-385　生成边界

3）然后隐藏遮罩的部分，在 Display Properties 菜单中选择"Double"双面显示，观察内部结构，如图 3-386 所示。

4）在 Modify Topology 中选择"Del Hidden"删除隐藏面，如图 3-387 所示。

图 3-386　双面显示

图 3-387　删除隐藏面

5）这样，就得到了开孔的头骨模型，如图 3-388 所示。

6）接着给头骨加一个壁厚，在 Edge Loop（边循环）中将 Polish（抛光值）数值调节为 0，Bevel 斜角值为 0，壁厚给一个适当的数值，然后单击"Panel Loops"（板循环），模型就生成了厚度，方便以后的 3D 打印工作，如图 3-389 所示。

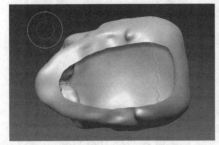
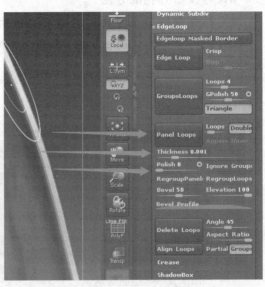

图 3-388　空心效果　　　　图 3-389　生成厚度

7．为模型添加颜色的方法

1）首先将头骨用网格显示，然后使用遮罩的方式，按住<Ctrl>键将其分为若干多边形组，如图 3-390 所示。

2）接下来在 Zplugin（插件）菜单中找到 UV Master，关闭 Symmetry，打开 Polygroups 按钮，然后单击"Unwrap"，如图 3-391 所示。

3）最后在 Texture Map 面板找到 Create，单击第一个按钮"New From Polypaint"，如图 3-392 所示。

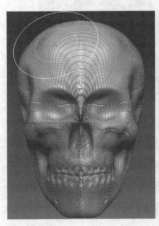
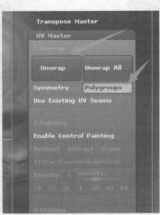

图 3-390　分若干组　　　图 3-391　打开多边形组　　　图 3-392　生成贴图

4）这样就生成了想要的贴图，使用之前学过的文件导出方法，格式选择 VRML，就会生成两个文件，分别是 wrl 格式和 JPG 格式，把两个文件压缩成 zip 格式，彩色打印机就可以使用，如图 3-393 所示。

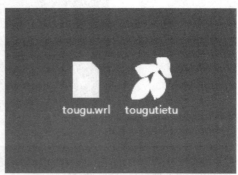

图 3-393　保存文件

8．对模型抽壳操作

1）在笔刷中（快捷键 B）选择 Insert 笔刷，在头骨模型的底部按住<Alt>键插入圆柱体，如图 3-394 和图 3-395 所示。

2）接下来进行 DynaMesh 运算，然后按住<Ctrl>键在空白处拖拽，在 DynaMesh 菜单里调整 Thinkness 的数值，调整到合适，然后单击"Create Shell"进行运算，运算后得到空心的头骨模型，如图 3-396 所示。

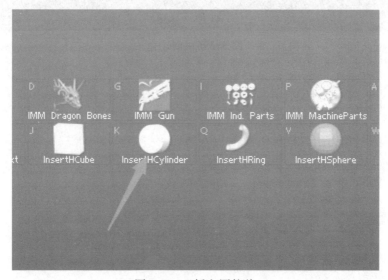

图 3-394　插入圆柱体

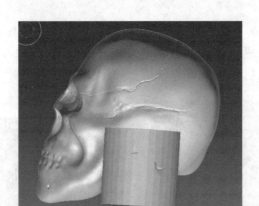

图 3-395 放置圆柱

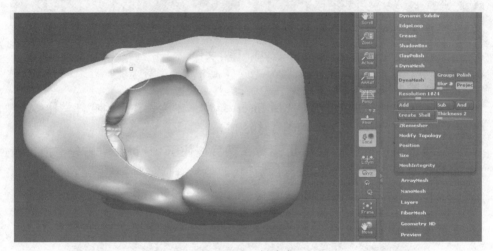

图 3-396 创建壳

第 4 章

FDM 3D 打印机操作流程实例

4.1 3D 打印对三维文件 STL 格式的要求

1）三维建模软件以 STL 格式导出的一般模型文件大小适当。三角面太大，也就是分辨率太低，制造的模型将出现很多棱角，不平顺圆润；如果分辨率太高，并不会改善制造模型的质量，反而会使计算机读取速度变慢。

当设计者设计完模型，有的软件转格式界面会出现两个选项，如图 4-1 所示。作为 3D 打印，一般选择二进制的选项，因为二进制导出的模型内存会比 ASCII 小，方便于后面模型修复软件和 3D 打印切片软件的顺畅操作。如果一定要选择 ASCII，对计算机的性能要求就会高一些。

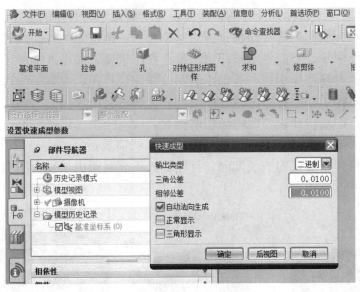

图 4-1 导出选项

对于绝大多数的 3D 建模软件，当输出 STL 格式时，会看到参数设定名称，或是某些相似的名称，如弦高（Chord Height）、误差（Deviation）、角度公差（Angle Tolerance），这些数值代表导出来的 STL 模型的三角形数量，数值越小，模型表面越光滑，所以设计者在导出模型的时候，建议在默认值的基础上改小一点，将储存值改为 0.01 或是 0.02。

2）模型必须为封闭的，也可以通俗地说是"不漏水的"，有破面的不封闭模型文件无法正常打印，如图 4-2 所示。

3）物体模型必须为流形（Manifold）的。流形的完整定义请参考数学定义。简单来看，如果一个网格数据中存在多个面共享一条边，那么它就是非流形的（Non-manifold）。请看图 4-3 所示的例子：两个立方体只有一条共同的边，此边为四个面共享，这个模型是无法打印的。

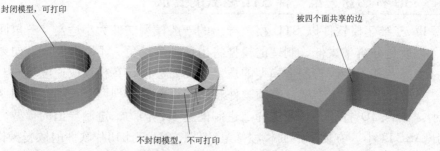

图 4-2　打印模型必须封闭　　　　图 4-3　非流形模型无法打印

4）通过三维软件设计时的模型表面一定要赋予其合适的壁厚，3D 打印成品不理想，或是无法打印都是因为这个原因。通过 3D 打印机打印模型最小壁厚的要求是，不能小于打印机的最小打印精度，如图 4-4 所示。当模型壁厚过薄的时候，模型上一些细小的部分就无法打印，或者因为过于脆弱很快就折损坏掉了。当打印壁厚过厚的时候，偶然会出现因为内部结构压力过大而导致打印实物开裂，或者破损的情况。

5）正确的法线方向。模型中所有面的法线需要指向一个正确的方向。如果模型中包含了错误的法线方向，打印机就不能判断出是模型的内部还是外部，如图 4-5 所示。

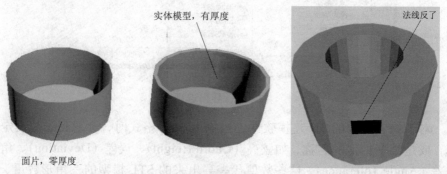

图 4-4　打印模型必须有厚度　　　图 4-5　打印模型法线方向一致

6）模型最大尺寸。模型打印尺寸是根据 3D 打印机可打印的最大尺寸而定的。当模型超过 3D 打印机的最大尺寸时，模型就不能完整地打印出来。

7）利用 45°法则来优化支撑。模型超过 45°的凸出部位，打印时都需要加支撑。加支撑、去支撑费时费力，而且去完支撑后，仍会在模型上留下很丑的印记，去除痕迹的过程也耗费精力。所以在建模的时候，把必须凸出来的部位加上支撑物或连接物等，来减小打印时加支撑的概率，并且尽量避免较大角度的凸出。如图 4-6 和图 4-7 所示，合理选择支撑。

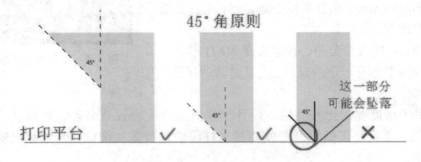

图 4-6　利用 45°法则，合理添加支撑 1

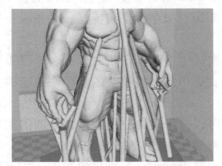

图 4-7　利用 45°法则，合理添加支撑 2

8）3D 模型文件和所选打印工艺要匹配。在 3D 打印中，各个不同的打印工艺代表着对打印对象的不同要求，如打印 ABS、PLA、铝合金或者类橡胶材料的时候，用户可以打印带有互锁结构的 3D 模型，而打印金、银、铜、树脂、高精高韧 ABS 时，则无法打印带有互锁结构的模型。这样的结果和耗材特性无关，而是因为所采用的打印工艺不同。ABS 和 PLA 耗材采用 FDM 的技术来进行 3D 打印，它支持双喷头，可以用其他种类耗材作为支撑材料来进行打印，因此可以打印一些互锁结构。而铝合金和类橡胶材料采用 SLS 的技术来进行 3D 打印，由于它是一种基于粉末的打印方式，无需支撑材料也可以打印互锁结构。而对于贵金属来说，一般采用失蜡法，所以无法制作互锁结构，而树脂、高精高韧 ABS 的打印采用 SLA 的基于液体的 3D 打印技术，无法生成互锁支撑。

9）建模时设计打印底座。模型底部和平台接触面积大了可以有效减小翘边，如图 4-8 所示，加上圆盘状或是圆锥状的底座，增加模型和打印底板的黏结，也可以使用切片软件里的裙边、底筏（Raft）来减小翘边。不过不建议用底筏，因为会使打印时间加长，而且难以去除，一不小心会损坏模型的底部。

图 4-8   设计模型底座

10）合理设置公差。普通桌面 3D 打印机打印出来的模型会有一定的误差，尤其是活动部件、内孔等部位。

对于精度要求比较高的，设计模型时候要合理设置公差，如内孔给出补偿量。要找到正确的公差就要利用打印机进行多次测试，一般是喷嘴的整数倍。

11）适度使用外壳（Shell）。一些精度要求高的模型上，设置外壳时不要使用过多，尤其是表面印有微小文字的模型，外壳设置过多，会让这些细节模糊。

12）善加利用。当使用 3D 打印机时，有一个很重要但常常被忽略的变数，那就是线宽。线宽是由打印机喷头的直径来决定的，大部分打印机喷嘴直径是 0.4mm。

当打印模型画圆时，打印机最小能画出来的圆的直径是线宽的两倍，如 0.4mm 的喷嘴，最小能画出来的圆直径是 0.8mm。

所以建模时要善加利用线宽，如果想要制作一些可以弯曲或是厚度较薄的模型，将模型厚度设计成一个线宽厚最合适。

13）调整打印方向以求最佳精度。对于 FDM 打印机来说，使用者只能控制 Z 轴方向的精度（层厚），因为 XY 轴方向的精度已经被线宽决定。如果模型有一些精细的设计，最好确认一下模型的打印方向是否有能力打印出那些精细之处，建议在 Z 轴方向上竖着打印这些细节部位。

因此设计模型时，就要考虑将细节部位放在方便竖着打印的位置。如果无法做到，可以将模型切割开来打印，然后再重新组装。

14）调整打印方向以承受压力。如果打印件需要承受一定压力，且要保证模型不会损坏、断裂，建模时，可以根据受力方向，适当加厚承受压力的位置。打印时，Z 轴方向上竖着打印，层与层之间黏结力有限，承受压力的能力不如 XY 轴方向上横着打印。

4.2　不同软件格式转换工具

在 CAD 三维机械设计领域，我国和国外能形成多层次、多品种的三维建模软件，各行业的特点和个人习惯不同，每个单位和设计师选用的软件各异，同时各种机械软件的数据记录和处理方式也不同，所以常出现以下问题：

1）客户的三维模型用自己的软件打不开或者出现很多错误。

2）三维模型导入到 CAM 或 CAE 软件中时，模型精度不满足加工要求，出现大量错误。

3）设计师采用新的三维建模软件，原有模型不能导入到新软件中。

这些问题会耗费大量的时间，因而有必要对软件之间的数据进行相互转化，这样可以在不同的企业和不同部门间进行数据的快速传递和共享。常见的格式转换软件有 3DTransVidia、TransMagic 和 CADfix 等。

1．3DTransVidia

3DTransVidia 是一款功能强大的三维 CAD 模型数据格式转换与模型错误修复软件，可以针对所有格式的三维模型进行数据格式间的转换，以及模型错误的修复操作。3DTransVidia 可以实现 Pro/E、UG、CATIA V4、CATIA V5、SolidWorks、STL、STEP、IGES、Inventor、ACIS、VRML、AutoForm、Parasolid 等三维 CAD 模型数据格式间的相互转换，如：把 STEP 格式的模型转换成 CATIA V5 可以直接读取的.CATPart 或.CATProduct 格式，把 IGES 格式的模型转换成 UG 可以直接读取的.prt 格式等。

2．TransMagic

TransMagic 是业内领先的三维 CAD 转换软件产品开发商，致力于解决制造业软件互通操作之间所面临的问题。TransMagic 提供独特的多种格式转换软件产品，使得模型能够在 3D CAD/CAM/CAE 系统之间快速转换。支持的文件类型除了 CATIA V4、CATIA V5、Unigraphics、Pro/ENGINEER、Autodesk Inventor、AutoCAD（via *.sat）、SolidWorks 外，还有 ACIS、Parasolid、JT、STL、STEP 和 IGES。可以浏览、修复、交换 3D CAD 数据。

3．CADfix

CADfix 能自动转换并重新利用原有的数据。CADfix 支持全自动转换的方式，在自动方式不能完全解决问题的情况下，CADfix 另外还提供交互式可视化的诊断和修复工具。CADfix 提供给用户分级式的自动、半自动工具，通过五级处理方式来处理模型数据，每一级处理既可以用用户化的自动"向导"

来处理,也可以用交互式工具来处理。当自动"向导"处理方式可行,CADfix 还提供批处理方式的工具来处理大量的模型数据。

4.3　3D 打印文件修复软件

在建模过程中或者在不同软件的转化过程中,3D 打印文件有时会发生问题, 及时发现文件的破面或其他问题,来避免打印的失败,是非常必要和重要的。除了上文中的转换软件带有修复功能外,以下一些软件都可以进行 3D 打印的修复。

1. Autodesk Meshmixer

Autodesk Meshmixer 这款 3D 网格软件不只是一个简单的 STL 修复工具, Meshmixer 提供完全成熟的建模解决方案,可以进行凹陷、缩放和网格简化, 需要一定的经验,是可以和 Autodesk 其他产品衔接的非常好的 3D 打印工具。 接受格式为 amf、mix、obj、off 和 stl,如图 4-9 所示界面。

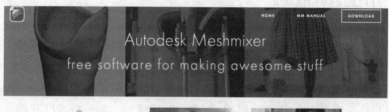

图 4-9　所示界面

2. LimitState: FIX

LimitState: FIX 是一款专业的 STL 修复软件,除了自动修复功能,还可以用它来进行 STL 文件合并,简化修复网格,LimitState 以强大的 Polygonica 技术作为支撑,后者作为标准的工业 3D 建模软件已经有 20 多年的历史。接受格式为 STL。

3. Blender

在过去的 20 年里,Blender 已经成为 3D 建模和动画的开源工具,它现在为 3D 打印提供了修复网格的解决方案,如果需要一个万能的开源软件, 可以选择 Blender。接受格式为 3ds、dae、fbx、dxf、obj、x、lwo、svg、ply、 stl、vrml、vrml97 和 x3d。

4．Autodesk Netfabb

对于 STL 修复来说，这是知名度最高最全面的解决方案，但是被 Autodesk 收购以后 Netfabb 就不再免费，会有 30 天的试用期，可以体验套件里面所有的专业服务，如果没有付费，也可以使用基本的切片和打印等功能，但是添加金属支撑需要付费。Netfabb Studio Basic 可以对设计的 3D 数据 STL 文件进行检查、编辑以及修复错误等，而且 Netfabb Studio Basic 还提供云服务，只需将 STL 文件上传到云端，后台服务会自动为 STL 文件进行分析、检查并修复。格式为：iges、igs、step、step、jt、model、catpart、cgr、neu、prt、xpr、x_b、x_t、prt、sldprt、sat、wire、smt、smb、fbx、g、3dm 和 skp。如图 4-10 所示为 Netfabb Studio Basic 软件界面。

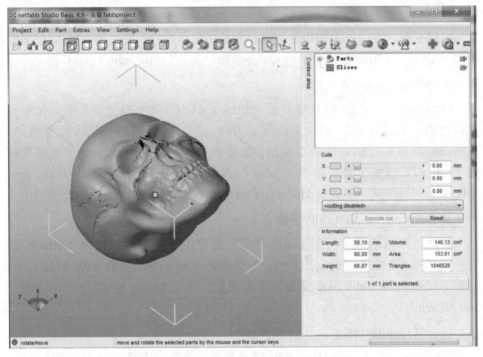

图 4-10　Netfabb Studio Basic 软件界面

5．FreeCAD

FreeCAD 是一款开源的 3D 建模程序，符合机械工程与产品设计的需求。这款程序最为突出就是其修复 STL 文件的能力。格式为：brep、csg、dae、dwg、dxf、gcode、ifc、iges、obj、ply、stl、step、svg 和 vrml。

6．Emendo STL 文件验证与修复软件

Emendo 主要是在打印前自动准备与修复 STL 文件，因此，该软件较为适合初学者。

格式：stl。

7．MeshFix

MeshFix 是一款开源的 3D 模型修复工具，可以修复网格中的各种缺陷，如孔和自相交。但该软件仅兼容 Windows 系统。如果只需简单的 STL 文件修复，MeshFix 的功能就可以做到。

格式：stl。

8．MeshLab

MeshLab 可以处理与编辑非结构化 3D 网格，如 3D 扫描的原始产品。该软件的工具包括编辑、清理、修复、检查与修复，特别是可以自动填充网格孔。但是，需要有一定的技术知识才可以自如地使用该软件。格式为 3ds、ply、off、obj、ptx、stl、v3d、pts、apts、xyz、gts、tri、asc、x3d、x3dv、vrml 和 aln。

9．Materialise 云

Materialise 云在线 STL 修复服务集成了 Materialise 的生态系统，使用者可以找到一个很方便的 STL 文件修复工具，其他功能还包括缩放、设置壁厚、调整多边形数和打印前的镂空网格，如果注册 Materialise 云，还可以免费得到 10 个 STL 修复工具。格式为 3dm、3ds、3mf、dae、dxf、fbx、iges、igs、obj、ply、skp、stl、slc、vdafs、vda、vrml、wrl、zcp 和 zpr。

10．Autodesk Netfabb 云服务

微软越来越多地参与到了 3D 打印，它提供了一个可以使用 Netfabb 云服务的工具，让使用者根据如尺寸、体积和表面积之类的参数分析 STL 文件，如果不能使用 Netfabb 的桌面版，可以尝试一下云服务。格式为：stl、obj、3mf 和 vrml。

11．3DprinterOS

3DprinterOS 是一个 3D 打印机管理软件，首先，它是一个 3D 建模工具，可以切片，拥有社交功能，另外软件提供商的工业打印机还可以来帮助用户打印 STL 文件。软件界面如图 4-11 所示。有至少三种 STL 修复 APP 集成在它的系统上，而且这些 APP 都是自动化的。

1）Spark Mesh Repair 可以处理每一个文件。

2）Magic Fix 除了修复外，还可以将文件进行旋转，它支持 3ds、3mf、

amf、obj 和 stl。

3）Netfabb（参考 4.3 小节"4．Autodesk Netfabb"的内容）

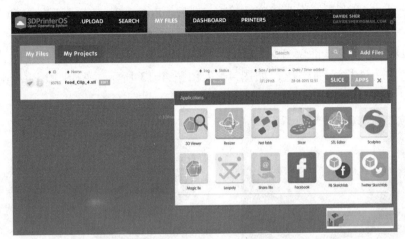

图 4-11　软件界面

12．MakePrintable

这项 Web 服务完全可以检查出所有会影响打印的文件错误，相对于其他的网络服务来说，MakePrintable 提供了更多控制 STL 修复的方法，使用者可以选择不同的质量水平（原型、标准和更高质量），可以用于空心、修复网格和优化多边形计算，甚至可以合并多个网格。

在免费的版本中，用户能免费修复 3D 模型，如修复非流形、边界边缘和交叉的对象，如果需要更高级的选项，如即时修复、纹理支持、空心支持或者调整壁厚，就要选择商业版本。这款 STL 修复工具还提供了对接 Blender 和 Sketchup 的插件，MakePrintable 还可以用基于 slic3r 版本的云对 STL 文件进行切片。

格式为 3ds、ac、ase、bvh、cob、csm、dae、dxf、fbx、ifc、lwo、lws、lxo、ms3d、obj、pk3、scn、stl、x、xgl。

4.4　FDM 3D 打印材料知识

在第 1 章的 3D 打印材料知识中，介绍了 ABS、PLA、PA、PC、PP、PPSF、PEI、PEEK、PETG、PCL 和 HIPS 这些支持 FDM 技术进行 3D 打印的高分子材料。除了以上所提到的材料之外，还有更多新型的适用于 FDM 技术的高分子材料。

德国研制了一种名为 Laywoo-D3 的 3D 打印耗材，是再生木与高分子黏结剂的产物，3D 打印完成后手感接近实木，并散发出木头的味道；还有 PVA 水溶性材料，用于支撑结构；还有深圳易生研发的变色耗材，当材料经过阳光或紫外光照射后，从无色变为有色；以及 Polymaker 公司研发的 PolyFlex 柔性材料，打印的物品具有较高的柔性和回弹性。

　　FDM 技术的桌面级 3D 打印机常用 ABS 和 PLA 为材料进行打印，材料价格适中，选择范围广泛，如图 4-12 和图 4-13 所示。ABS 和 PLA 材料相关知识如下：

图 4-12　ABS 外观

图 4-13　PLA 外观

1. PLA 与 ABS 的区别

1）PLA 是结晶体，半透明质感更加光亮；ABS 是非结晶体，不透明亚光质感。当加热 PLA 时，直接从固体到液体；当加热 ABS 时，慢慢转换为凝胶，不经过状态改变。

2）打印 PLA 时有芳香味，ABS 打印时有刺鼻的不良气味，必须拥有良好的通风环境。

3）当打印大型模型时，PLA 即使在没有加热床的情况下边角也不会翘起，成品形变也较小。ABS 热收缩性较大，影响成品精度，通常将平台加热到 70～90℃，防止模型翘起。

4）两种材料都可以被染上不同的颜色，它们的使用区别在熔点上，PLA 的加工温度通常是 180～200℃，加工时的能耗更低，速度更快，ABS 的加工温度在 220℃以上。

5）PLA 具有较低的熔体强度，打印模型更容易成型。缺点是容易堵塞热端，塑性强度和耐用性不如 ABS。

6）PLA 作为 3D 打印耗材也有其天然劣势。打印的物体强度低于 ABS，抗冲击能力不足，在高温环境下会变形等问题，在一定程度上影响了 PLA 在 3D 打印领域内的应用。

7）除了上面提到的一些强度，玻璃化温度和气味等特性上的区别，从后期整理角度上来说，ABS 打印完成的模型很容易进行打磨及抛光处理，而 PLA 的 3D 模型如果打磨不当会更加粗糙。

8）两种材料从外观上不容易鉴别，但将 PLA 打印材料弯折，发现 PLA 线材较脆，很容易用手折断，在折断的截面上有类似油脂一样的反光，用打火机烧一小段，发现无黑烟，气味柔和，而 ABS 线材很有韧性，需要用剪刀剪断，截面密实，用打火机进行燃烧，冒出大量刺鼻的黑烟。在市面上 ABS 的打印材料和 PLA 打印材料的价格相差不是太大，因此，建议使用 PLA 环保材料进行打印。

2．PLA 和 ABS 的选购和保存

厂家将 ABS 和 PLA 材料做成固定直径的线材（1.75mm 或 3mm 孔径的材料居多）并缠绕在线筒上，价格一般在 50～200 元/kg 左右。部分厂家会采用盒子封装，并在底部加上芯片，提供原料类型和剩余量记录功能，用起来会方便一点，成本会更高。

1）材料质量。一般情况下，尽量选购质量过关的新料，不要选择价格过低的材料，因为有可能是回收的二次料，很容易造成打印机喷头堵塞，造成损失。

2）外观。外观上，质量较差的耗材表面弯曲不直，有拉伤拉痕（白痕）、暗痕、气泡和灰尘等。尽量不选用 PVC 缠绕的打印耗材，因为缠绕久了或者稍微一加温，容易和耗材混在一起，粘得很紧，严重影响使用。

仔细观察包装，大部分打印耗材采用真空包装，如果真空包装已经鼓起，说明包装不严密已经漏气，会发生材料吸收空气中水分回潮的现象，影响使用。

3）材料流动性。新材料要求流动性好，但也要适中，如果流动性过好，容易在打印的时候垂丝，造成成型产品有缺陷；如果流动性太差，则流不出丝，或者断丝。材料流动性适中，层与层之间吻合度高，打印的层面才会漂亮。

选购之前可以让材料厂家邮寄一些同批次的样品，而且了解清楚这批次材料的打印温度、打印平台温度等参数，尝试进行打印，从而发挥打印机和材料的最优特性，保证打印模型的质量。

4）已经打开包装的打印材料如果长时间不使用，尽量密封保存，用自封袋排出空气，并加入干燥剂防止回潮。好的材料可以暴露在空气中近三个月，时间过长则导致材料发脆，打印时容易断裂。

4.5　FDM 3D 打印机切片软件

软件建模获取的数据格式文件要经过 3D 打印机的上位机软件，也叫作转码软件（切片软件、切层软件）进行转换切层。切片就是将一个完整的模型文件进行分层扫描，扫描后模型结构就分为外壳、填充、顶层和底层，并

给予模型打印时的一些特定参数。

经过切片软件设置转换后生成 G-Code 文件（G 代码），3D 打印机识别 G 代码来制造一个完整的模型，就好比现在的 CNC，由数控代码给予机器每一条路径指令，才能完成一个工件的加工。因此，切片软件的设置至关重要。

切片软件有很多种，如 Slic3r、MakerWare、Repeteir-host、Simplify3D、Pronterface 和 Skeinforge 等，Cura 是非常有代表性的切片软件，具有切片速度快，稳定，对三维模型文件包容性强，设置参数少等优点，有些 3D 打印机厂家开发了自己的切片软件，跟 Cura（Ultimaker 公司开发的 3D 打印机的切片软件）功能和界面类似的软件，使用方便、简洁，具备模型的打印层高、速度、填充密度和支撑等细节设定，还有模型打印位置摆放、旋转和尺寸调整等功能，因此有必要先了解下 Cura 切片软件。Cura 下载地址为 http://software. ultimaker.com。

4.5.1　FDM 3D 打印机通用切片软件——Cura 界面详解

1．不同 3D 打印机初始设定

1）安装 Cura 软件后，单击 Cura"图标 C"，进入首次安装向导，进行机器选择，选择"其他"，如图 4-14 所示。

图 4-14　Cura 软件开始界面

2）如果想要自己设定更多的项目，选择"Custom..."个性设定，如图 4-15 所示。

3）不同的 3D 打印机，均可以根据实际情况在初始设定环节来设定打印机的打印范围尺寸，改变喷嘴大小，还有是否使用热床等选项。有些机器的打印初始中心是有差异的，如果是 ROSTOCK 三角洲的打印机，将最下面的选项"0，0，0 为打印初始打印中心"选取，这样保证打印头的起始点在打印平台的中间，方形机器的打印初始中心位于机器的左前方，或者在机器右

后方，不要勾选此选项，如图 4-16 所示。

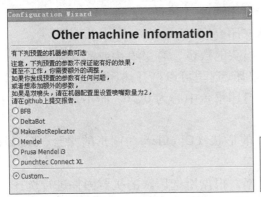

图 4-15　设定自己的机器类型

图 4-16　机器初始位置设定

4）机器设置可以在初始设定环节完成，如果打印尺寸变化或者增添打印机，也可以在软件的机器设置菜单里进行设定，单击"文件"工具栏，在弹开的菜单中选择"机器设置"，以下章节以 Smartmaker3D 打印机切片软件为例来介绍 Cura 软件（Smartmaker3D 打印机利用 Ultimaker 2 改良而来，因此软件界面相似，只有少许差异，笔者加上了一些英文的注解），如图 4-17 和图 4-18 所示。

图 4-17　机器设置

图 4-18　机器设置详细参数⊖

⊖　1. 电机指电动机。
　　2. 通讯指通信。

最大成型宽度（mm）：机器的打印宽度（mm）。

最大成型深度（mm）：机器的打印深度（mm）。

最大成型高度（mm）：机器的打印高度（mm）。

挤出机数量：机器所配备的挤出头的数量，有单喷头或者双喷头。

是否拥有热床：如果机器配有热床，这里可以打开热床设置（需要重启）。

平台中心 0，0：机器固件规定打印平台中心为 0，0，而不是位于打印平台的左前角。

构建平台形状：机器构建平台的形状（Circular 为圆形的平台，Square 为方形的平台）。

Gcode 类型：Gcode 生成的风格。根据所选厂家的机器固件进行选择，一般选择"RepRap（Marlin/Sprinter）"。

在排队打印多个模型时，用以下设置来判断某些模型是否适合排队打印，因为如果设置不当，就会剐擦到其他模型。一般厂家已经设置完毕。

5）喷头定位距离。

喷头离 X 方向最小值的距离（mm）：当打印多个物体时，设置打印头的大小，测量方法为从喷嘴到打印头最外端的距离，如果是 Ultimaker 机型，如果风扇在左侧，设置成 75mm。

喷头离 Y 方向最小值的距离（mm）：当打印多个物体时，设置打印头的大小，测量方法为从喷嘴到打印头最外端的距离，如果是 Ultimaker 机型，如果风扇在左侧，设置成 18mm。

喷头离 X 方向最大值的距离（mm）：当打印多个物体时，设置打印头的大小，测量方法为从喷嘴到打印头最外端的最大距离，如果是 Ultimaker 机型，如果风扇在左侧，设置成 18mm。

喷头离 Y 方向最大值的距离（mm）：当打印多个物体时，设置打印头的大小，测量方法为从喷嘴到打印头最外端的最大距离，如果是 Ultimaker 机型，如果风扇在左侧，设置成 35mm。

十字轴高度（mm）：用来悬挂打印头十字轴的高度，如果打印物体高于这个高度，将无法多物体一起打印。

6）通信设置。

端口：用来连接打印机的串口端口。

波特率：串口和端口所使用的速率，需要和使用的固件匹配，一般为 250000、115200、57600。Cura 软件可以自动识别合适的端口和正确的波特率。

2．Cura 软件的基本界面

完成不同机器的设置之后，进入 Smartmaker Cura 软件界面，可以选择高级选项中的"切换到快速打印模式",进行最简单的设置。如果进行更复杂的设置,就需要"切换到完成模式",如图 4-19 所示。

图 4-19　切换模式

切换到完整模式后,在软件菜单的第二行第一个选项就是详细设置的基本界面。基本界面的各个选项设定,对打印模型最终效果影响最大,也是不同操作人员打印出的模型存在差别的根本原因。图 4-20 所示为完整模式的基本界面。

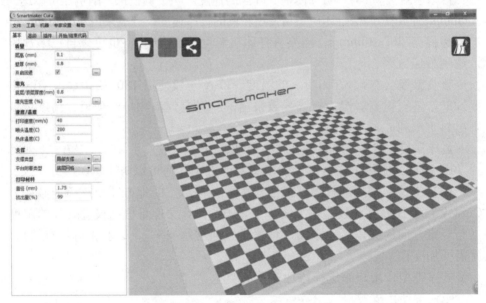

图 4-20　完整模式的基本界面⊖

（1）质量

层高（mm）：这是决定打印质量的最重要参数。一般使用 0.2 兼顾打印质量和打印速度。高精度建议使用 0.1,高速建议使用 0.3。

壁厚（mm）：横向外壁的厚度。一般设置为喷嘴直径的倍数,表示外壁的打印圈数。一般 0.4mm 的喷嘴设置为 0.8mm 的壁厚,设置为 1.2mm 则更

⊖ C 指的是℃。

为结实。

开启回退（mm）：当打印头移动到非打印区域的时候回抽一部分耗材，防止拉丝，详细设置可以在高级设置里找到。

（2）填充

底层/顶层厚度（mm）：此项用来设置顶层和底层的厚度，也就是顶部和底部实心填充层的打印。所以最好这个厚度是层厚的倍数，同时尽量和外壁厚度保持一致，使得物体更坚固。

填充密度（%）：此选项用来控制内部填充的密度。一般设置在 20%已经足够结实，0%表示空心，不建议使用 100%。这个设置不会影响物体外壁的打印，只会影响物体的坚固度。

（3）速度/温度

打印速度（mm/s）：打印时喷头吐丝的速度。一个调校很好的机器可以达到 150mm/s，但是想确保打印质量请使用较低的打印速度，一般采用 40～60mm/s，如果想提高 20～30mm/s，需要将打印机温度提高 10℃，也可以自己多次验证达到最佳效果。

喷头温度（℃）：打印喷头的温度，PLA 一般使用 180～210℃，ABS 需要 230℃甚至更高。温度过高导致挤出的材料有气泡和拉丝现象，温度过低则出料不顺利，容易堵头。

热床温度（℃）：打印时热床的温度，PLA 一般使用 45℃，ABS 一般使用 70～90℃。加热工作台可以使模型粘得更牢，还可以防止 ABS 翘边。

（4）支撑　模型的支撑就像搭建房屋，在悬空的地方需要支撑的结构。Cura 会自动计算打印模型需要支撑的地方，计算原理是根据模型表面的斜度（与竖直方向的夹角）大于某一角度时（通常是 45°，一般和材料有关），就需要加支撑。

支撑类型：用户来选择添加支撑的类型。

无：不使用支撑。

局部支撑：用于创建与平台接触的支撑结构。

全部支撑 Everywhere：打印物体内部也使用支撑结构。

平台附着类型：不同的平台附着选项来防止打印物体翘边。

无 None：不使用任何的附着方式，直接在平台上打印模型，适用于底部平台较大的模型。

底层边线 Brim：会在打印物体周边底层增加一个底层，防止模型翘边，便于打印后剥离，推荐使用。

底层网格 Raft：增加一个很厚的底层同时会增加一个很薄的上层。

（5）线材

直径（mm）：耗材的直径，需要厂家的准确数值。一般有 1.75mm 和 3mm 两种。

挤出量（%）：流量补偿，指微调出丝量，最终的材料挤出速度会乘上这个百分比。

3．Cura 软件的高级界面

Cura 软件的高级界面在软件菜单的第二行第二个选项，如图 4-21 所示。

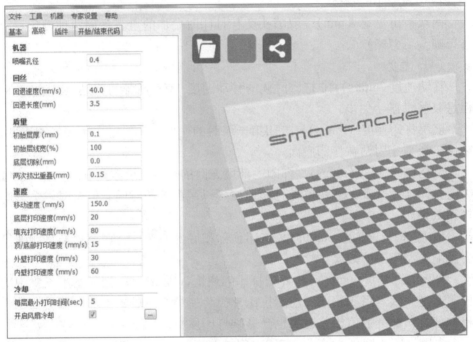

图 4-21　高级界面⊖

（1）机器

喷嘴孔径：喷嘴大小非常重要，填入机器实际喷嘴大小，用来计算填充和壁厚。

（2）回丝（回抽）：回抽的主要功能是为了防止喷头中过多熔融耗材，减少拉丝现象。

回退速度（mm/s）：回抽的速度。较高的速度工作起来更好，不过速度太高可能会导致卡料。

回退长度（mm）：回抽的数量，0 表示不使用回抽，一般填入 2mm 会有

⊖ sec 指的是 s。

比较好的效果。

（3）质量

初始层厚（mm）：底层的第一层厚度。设置更厚的厚度可以使底层粘得更牢。如果设置和其他层一样的厚度，设置成 0.0。

初始层线宽（%）：第一层打印的挤出量。稍大的挤出量可以让模型更牢固地粘在工作台上。输入 100 表示使用全局挤出量。

底层切除（mm）：让打印模型下沉一定程度。一般用于那些底面不平和平台接触面较小的物体。

两次挤出重叠（mm）：双喷头交替打印时叠加的量，会使两种颜色混合（单喷头可忽略）。

（4）速度

移动速度（mm/s）：非打印时候的移动速度。有些机器可以达到 250mm/s，但是某些机器会失步。

底层打印速度（mm/s）：打印第一层时的速度。一般选用比较低的速度，来保证模型牢固贴在打印底面。

填充打印速度（mm/s）：打印内部填充时的速度。设置为 0，和基本设置中的打印速度一致。加快填充打印速度可以减少打印时间，但有时候会影响打印效果。

顶/底部打印速度（mm/s）：打印顶部和底部的速度，调节顶部打印速度会影响模型表面的效果。

外壁打印速度（mm/s）：外壳打印的速度，设置成 0 则和基本设置中的打印速度一致。用比较低的速度打印外壳会使得打印质量提升，但是在外壳和内部打印速度数值相差过大也会影响打印质量。

内壁打印速度（mm/s）：打印内部的速度。设置成 0 则和基本设置中的打印速度一致，加快内部打印速度，使之快于外壳打印速度，可以减少打印时间，最好是设置其介于外壳和打印速度之间。

（5）冷却

每层最少打印时间（s）：每层打印的最少时间，来确保每层都被完全冷却。如果某层打印得太快，打印机会把速度降下来达到设定值，来保证每层的冷却。

开启风扇冷却：打印时使用风扇。如果想要更高速的打印，必须使用冷却风扇。

4．Cura 软件的专家设置

Cura 软件的专家界面在软件菜单第一行的第三个选项，打开"专家设置"，具体功能设置如图 4-22 所示。

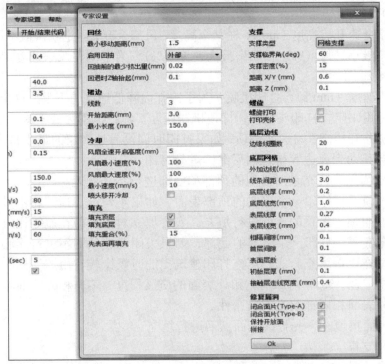

图 4-22　专家设置

（1）回丝

最小移动距离（mm）：回抽使用最小的移动间隔，用来防止在很小的范围内不停地使用回抽。

启用回抽：Combing 是用来防止喷头非打印移动时导致打印漏洞的产生。如果不启用 Combing，喷头非打印移动的时候一般会回抽。

回抽前的最少挤出量（mm）：在回抽需要反复发生时，此设定可以避免频繁回抽导致的耗材摩擦变细。

回抽时 Z 轴抬起（mm）：当回抽时打印头会升起一定高度。设置为 0.075 效果不错，此功能对打印塔一类的物品有帮助。

（2）裙边

线数：裙边是在模型外围的线，用来显示模型周长是否符合打印平台的大小，填入数值 0 为不使用此功能，当使用"Brim"和"Raft"时，这个设置无效。使用多条外围线可以使很小的物体更容易分辨。

开始距离（mm）：最内层的外围线和模型底部轮廓第一层的最小距离，外围线以此向外扩展。

最小长度（mm）：裙边的最小长度设定。

（3）冷却

风扇全速开启高度（mm）：在某个高度，风扇全开，固定默认值不用更改。

风扇最小速度（%）和风扇最大速度（%）：为了调整风扇速度来配合打印层的冷却。

最小速度（mm/s）：打印机喷头为了冷却而降低速度的下限，这个最小送料速率是用来阻止打印头漏液，即便机器速度下降，也不会低于这个速度。

喷头移开冷却：勾选此选项，如果打印时间没有达到层的最少打印时间，打印头会移动到旁边等待，然后继续进行打印。

（4）填充　填充是对模型的顶部和底部进行特殊处理。

填充顶层：打印一个坚实的顶部表面，如果不勾选，顶部将不进行实心填充，按照预先设置的比例进行填充。实心填充对于打印花瓶等比较有用。

填充底层：打印一个坚实的底部，如果关闭此选项则不进行实心填充，会根据填充比例填充。实心填充打印建筑类的时候比较有用。

填充重合（%）：内部填充和外表面的交叉程度，填充和外表面重叠有助于提升外表面和内部填充的紧密性。

先表面再填充：先打印表面然后进行填充。

（5）支撑

支撑类型：支撑的结构类型，Grid 是比较结实的格子状结构填充， Line 是平行直线填充，强度不高，容易剥离。

支撑临界角（deg）：在模型上判断需要生成支撑的最小角度，0°为水平，90°为垂直。

支撑密度（%）：支撑材料的数量，较少的材料可以让支撑比较容易剥离，15%是比较适合的值。

距离 X/Y（mm）：支撑材料在水平方向的距离，防止模型和支撑粘在一起，和物体的距离 0.7mm 是个比较合适的支撑距离，这样支撑和打印物体不会粘在一起。

距离 Z（mm）：支撑材料在竖直方向的距离，距离比较大可以让支撑容易去掉，但是会导致打印效果变差，0.15mm 是个比较好的设置。

（6）螺旋

螺旋打印 Spiralize：Spiralize 使模型在 Z 方向更加平滑，以螺旋上升的线条来打印模型外表面。

打印壳体：只打印模型单面侧面，不打印底面和顶面。

（7）底层边线

边缘线圈数：边缘的打印数量，数值越大能使打印物体更容易粘在平台上，但同时会缩小可用的打印区域。

（8）底层网格

外加边线（mm）：额外的底座区域，增大这个数字可以使底座更结实，但会缩小打印区域。

线条间距（mm）：打印底座的时候线条之间的距离，控制底座疏密程度。

底层线厚（mm）：底座最底层的厚度。

底层线宽（mm）：底层线条的宽度。

表层线厚（mm）：底座网格表面线的厚度。

表层线宽（mm）：底座网格表面线的宽度。

首层间隙：底座和表面的间隔，在使用 PLA 材料的时候，0.2mm 的间隔更容易剥离底座。

表面层数：在底座上最后全封闭的层数。支撑拆除有良好的效果。

初始层厚（mm）：表面层的厚度。

接触层走线宽度（mm）：表面层线宽。

（9）修复漏洞

闭合面片（Type-A）：这个专家选项会将所有的打印物体组合在一起，也就是对所有物体在每一层上进行"布尔并集运算"，会尽量保持模型的内孔不变。

闭合面片（Type-B）：B 类型会忽略所有的内部孔，只保持外部形状。

保持开放面：这个选项会保持所有的开放面不动，（正常情况下 Cura 会尝试填补所有的洞）。

拼接：在切片时尝试恢复那些开放的面，变成闭合的多边形，但是这个算法非常消耗资源，甚至使处理时间大大增加，而且不能保证效果。

5．插件

Cura 集成了两种插件，对 gcode 进行修改，分别是在指定高度停止和在指定高度调整。

在指定高度停止：会让打印在某个高度停止，让喷头移动到指定位置，并回抽一定耗材。

在指定高度调整：会让打印在某个高度调整参数，如速度、流量倍率、温度和风扇速率。

6．起始停止 gcode

使用 Cura 软件在开始和结尾形成固定的 gcode，即开始 gcode（start gcode）和结束 gcode（end gcode），可以对这些 G 代码进行修改，如图 4-23 所示。

图 4-23　开始和结尾 gcode

4.5.2 FDM3D 打印机通用切片软件——Cura 模型调整详解

Cura 软件的视图区主要用来查看模型、摆放模型和管理模型，预览切片后的路径，查看切片结果。

1．Cura 软件模型摆放

单击工具栏中的"载入"（load）工具，或者使用文件（File）菜单下的打开模型（Load Model File），也可以使用快捷键<Ctrl+L>，或者用鼠标拖动模型文件直接将模型 STL 文件拖入显示窗口区域。Load 按钮旁边可以看到一个进度条在前进。进度条达到 100%的时候，就会显示出打印时间、所用打印材料长度和克数，如图 4-24 所示。

载入建模软件中的实例——头骨文件，如图 4-25 所示，Cura 可以对该模型进行一些变换，如平移、旋转、缩放和镜像。首先在模型表面单击鼠标，当模型变成亮黄色时，就表示选中了该模型。按住鼠标右键拖曳，可以实现观察视点的旋转。使用鼠标滚轮，可以实现观察视点的缩放。这些动作都不改变模型本身，只是观察角度的变化。

图 4-24　载入模型方法　　　　　图 4-25　载入头骨模型

1）平移。视图区中的棋盘格就是打印平台区域，模型可以在该区域内任意摆放，按住左键拖动模型可以改变模型的位置。

2）旋转。选中了模型之后，会发现视图左下角出现三个功能，左边的是旋转功能，中间的是缩放功能，右端的是镜像功能。单击"Rotate"功能，然后发现模型表面出现三个圆圈，颜色分为三个，分别表示 X 轴、Y 轴和 Z 轴。把鼠标放在一个颜色环上，按住拖动即可使模型绕相应的轴旋转一定的角度，需要注意的是 Cura 只允许用户以 15 的倍数旋转角度。如果返回未更改的状态，单击旋转功能上面的"Reset"按钮。放平（Lay Flat）按钮则会自动将模型旋转到底部比较平的角度，如图 4-26 所示。

3）缩放。选中模型之后，单击"Scale"按钮，发现模型表面出现三个方块，分别表示 X 轴、Y 轴和 Z 轴。单击并拖动一个方块可以将模型缩放一定的倍数，也可以在缩放输入框内输入缩放倍数，即"Scale"右边的方框，也可以在尺寸输入框内输入准确的尺寸，即"Size"右边的方框，如 Scale（比例）输入 0.1，长宽高就分别变为原来的 1/10，Size 输入数值，模型的尺寸就会按照输入的数值变化。

图 4-26　旋转功能按钮

　　缩放分为均匀缩放和非均匀缩放，Cura 默认使用均匀缩放，即缩放菜单中的锁头按钮处于上锁状态，模型的长宽高在 X、Y、Z 方向上一起发生变化。使用非均匀缩放，不需要点选此功能，长宽高在相应的方向上自由变化，改变数值后互相不发生影响。缩放功能用途在于，可以缩放打印任何比例大小的模型，如果大的模型打印时间过长，用料过多，可以采用缩小的办法来减少打印时间和用料，如图 4-27 所示。

图 4-27　缩放功能按钮

Scale 按钮上面的功能按钮分别为重置（Reset）和最大化功能（To Max），

重置会使模型回到最初状态，最大化功能将模型缩放到 3D 打印机能够打印的最大尺寸。

4）镜像。选中模型之后，单击镜像（Mirror）按钮，就可以将模型沿 X 轴、Y 轴或 Z 轴镜像，如模型左手的物体可以通过镜像到了模型右手，如图 4-28 所示。

5）右键菜单。将模型放在平台中心，选中模型之后，按右键，则弹出右键菜单，如图 4-29 所示。

图 4-28 镜像功能

图 4-29 右键菜单

第一项是"平台中心"，就是将模型放到平台中心（Center on Platform）。

第二项是"删除模型"，可以通过右键菜单删除（Delete Object），也可以选中模型之后按<Del>键删除。

第三项是"复制模型"（Multiply Object），克隆模型，将模型复制几份。

第四项是"分解模型"（Split Object to Parts），会将模型分解为很多小的部件。

第五项是"删除全部模型"（Delete All Objects），会删除载入的所有模型。

第六个选项是"重载加载模型（Reload All Objects），会重新载入所有模型。

第七个选项是"重置所有对象位置"，会重新排列载入模型位置。

第八个选项是"重置所有对象的转换"，重置所有模型的转换。

Cura 载入多个模型的时候，会自动将多个模型排列在比较好的位置。不同模型之间会存在一些距离，以便于打印。

2．Cura 模型观察功能

Cura 软件允许用户从不同模式去观察载入的模型，包括普通模式（Normal）、悬空模式（Overhang）、透明模式（Transparent）、X 光模式（X-Ray）和层模式（Layers）。可以通过单击视图区右上角的"视图模式"（View Mode）

按钮调出视图选择菜单，然后就可以在不同视图模式间切换。比较常用的是普通模式、悬空模式和层模式。普通模式就是默认的查看 3D 模型的模式，悬空模式是显示模型需要支撑结构的地方，在模型表面以红色显示，层模式模拟打印时模型的不同分层情况，非常直观，如图 4-30 所示。

设定完成以后，Cura 软件会自动完成切片生成 gcode 文件。单击 load 旁边

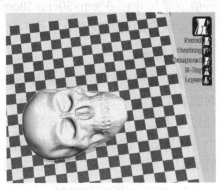

图 4-30　模型观察功能

的像磁盘一样的图标，选择保存路径，或选择文件菜单栏里的"保存模型"，将 gcode 保存。桌面级 3D 打印机用户尽量不要直接连接计算机打印，最方便的方式将 gcode 文件复制到 SD 卡中，插入打印机的 SD 卡槽进行脱机打印。

4.6　FDM 3D 打印机操作

4.6.1　3D 打印机速度、打印尺寸、精度和可用度的影响

1．打印速度

3D 打印的速度远比想象中的慢，打印速度（出丝速度）在 0.2～0.5mm/s 范围内。每一层的打印厚度为 0.1～0.4mm，打印 1cm 高的产品就需要打印 25～100 层。作为参考，以精度（层厚）为 0.3mm 的时候，打印一个 4g 重的空心表壳需要 30min。如果打印的是一个手掌大的手办，刚超过 100g，打印耗时就要超过 10h。

打印速度是工业级 3D 打印机和桌面级 3D 打印机的重要区别，由于桌面级 3D 打印机在成本上的限制，多采用 16 位和 32 位芯片作为主控芯片，数据处理速度难以和 64 位的芯片相比。

采用 SLA 技术的桌面级打印机扫描速度为 1m/s，而专业级可达 7m～15m/s。

2．打印尺寸

3D 打印机支持的打印模型尺寸越大，价格越高，打印机的体积也较大，以适合于规模化的生产。工业级 3D 打印机的体积增大，导致系统复杂性成倍提高，材料成本增加，测试、安装、运输、维护费用高昂。尤其是在保持可靠性的前提下，每个零部件的指标都更加苛刻，才能保证整机的打印精度和稳定性。现在市场上绝大部分的万元以下桌面 3D 打印机，只能打印体积比较小，

一般成型尺寸在 30cm×30cm×30cm 以下的模型，打印体积较大的模型只能选择工业级别的机器或者分割成不同文件打印再进行后期的拼接工序。

3．精度

打印耗时和打印精度/层厚成正比，而且因为原料出丝速度固定，打印耗时很容易计算。堆叠的薄层越薄，所需的层数就越多，时间也就越长，只能通过多喷头同时工作等方式提高速度。

现阶段桌面级 3D 打印机的精度大约在 0.1mm，打印出来的产品会有很明显的分层感，工业级打印机的精度则可以精确到几微米。

4．实际可用度和限制

虽然 3D 打印的薄层堆叠原理可以应对很多复杂的内部结构，但这个也带来了相应的限制。

横向强度不足，无论是哪种原理的打印机，纵向的薄层堆叠导致了横向强度会远低于纵向。

下面体积小而上面大的物体需要额外的支撑机构，由于受重力影响，3D 打印不可能打印出悬空的物体，故需要在悬空物体下方额外打印支架或框架。

要打印出多种颜色的产品，只能中途变换原料或分开打印的形式进行。

熔积成型的打印机只能打印出塑料成品，而且成品的硬度有限，只有粉末粘接和激光烧结能打印出陶瓷、金属等真正具有工业用途的用品。

4.6.2　FDM 3D 打印机主要部分的功能

1．电源部分

将 3D 打印机置于平整桌面，连接 3D 打印机所配备的适配电源输出端至打印机电源插座，打印前一定注意插接牢固，防止打印中途发生故障。注意插座搭铁。完成电源连接后，打开打印机开关，3D 打印机液晶显示屏显示"欢迎"界面并进入准备就绪状态。

2．SD 卡

一般的桌面 FDM 3D 打印机都使用标准的尺寸为 32mm×24mm×2.1mm 的通用 SD/SD-HC 卡，很多打印机不支持容量小于 2G 和大于 32G 的 SD 卡。而且在使用 SD 卡前需要将 SD 卡格式化为 Fat32 格式。自己 DIY 的 3D 打印机主板，有的采用手机内存 CF 卡，选购时需要区分。将 SD 卡插入 SD 卡插口时，要注意 SD 卡的金手指一面不要插反。

3．数据线接口

FDM 3D 打印机基本支持在线打印和离线打印
两种工作模式，离线打印只需要将打印文件复制到
SD 卡内，将 SD 卡插入 3D 打印机 SD 卡槽即可；
高端产品一般连接计算机并有专门的客户端，可以
使用高速 USB 方形接口的数据线连接打印机与计
算机，插入打印机数据线接口，如图 4-31 所示。

图 4-31　数据线接口

> **注意**　在线打印受环境影响较大，会发生打印中断的问题，建议尽量采用 SD
> 卡脱机打印。

4．加热床（打印平台）

加热床是个带加热功能，可以精确控制上下移动的板，可以调节加热温
度，动力来源是底部的电动机。平台边上一般会有校准位置用的定位点，以
及调整平台水平姿态（前倾后仰等）的螺钉。

FDM 3D 打印机根据打印材料的不同，对加热床是否加热可根据情况判
断，针对 PLA 打印材料，热床加热或不加热均可，而 ABS 打印材料必须采
用加热床，用来防止打印的模型翘边。在购买 3D 打印材料时，厂家都会备
注打印温度范围和热床调节范围。图 4-32 所示为几种常见 FDM 3D 打印机
的加热床（打印平台）。

图 4-32　几种常见 FDM 3D 打印机的加热床（打印平台）

5．3D 打印机送料机构

FDM 原理 3D 打印机一般分为远程送料和近程送料两种结构，远程送料
结构中送料电动机、挤出机和打印喷头是分离的，送料电动机和挤出机将打
印材料通过送料管远程送到打印喷头，目的是提高喷头打印的稳定性，而近
程送料结构将打印喷头、挤出机设计在一起。远程送料机构和近程送料机构，
如图 4-33 所示。

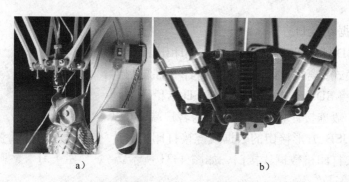

a)   b)

图 4-33   远程送料机构和近程送料机构

a) 远程送料机构   b) 近程送料机构

6. 3D 打印机喷头（打印头、挤出头）

3D 打印机打印头是个可以在 XY 轨道上精确移动的加热装置，可以加热熔化 ABS/PLA 材料，内部有压入原料丝的齿轮，背后有散热风扇。机器通过传动带传动，打印头可以在 X 轴上左右移动，而打印头和整个 X 轴都架在了 Y 轴上。喷头由喷嘴、喷头加热机构和喷头冷却风扇等几部分组成，如图 4-34 所示。

图 4-34   3D 打印机打印头系统

3D 打印机最重要的部件就是加热喷嘴，没有喷嘴 3D 打印机无法进行工作，也不能保证打印材料的供应。喷头的最底端为铝制或铜制喷嘴，连接部件为 PEEK 材料，内部为 PTFE 管贯穿喷嘴和 PEEK 材料。喷嘴直径可以选择 0.3mm、0.4mm 和 0.5mm，如果 3D 打印机需要高精度的打印质量，可选择小直径喷嘴，如果不追求精度，只要求高速打印可选择直径大的喷嘴，如果兼顾打印速度和打印质量需要折衷选择。

喷头加热机构包括感温器、加热棒和加热块，加热块的上端与送料管的下端连通，加热棒的一端与加热块连接，感温器则放置在加热棒上。

喷头装置还包括冷却风扇，风扇的个数为单个或者两个，避免喷头过热产生断丝现象。采用双风扇冷却系统效果更好。

7. 扫描功能部件

现在某些高端型号的 3D 打印机开始具备 3D 扫描功能，可以对实物进行扫描并生成 3D 建模文件，通过这个文件就可以再复制一个同样的产品。

打印机中内置的一般是激光扫描装置。被扫描物体放在可旋转的平台上，扫描器发出激光打在扫描物体上，接收器根据反射回来的光线计算出物体的空间点数据。

但即使是万元级打印机自带的扫描功能，其限制也很多，如物体高度太低、颜色太深、颜色种类太多、表面太光滑、凹坑太复杂和内部深度太大等都会影响最终效果。

只可以扫描简单的几何体，用它来扫描复杂的手办，甚至高大模型，效果不理想。

另外，多增加 3D 扫描功能的机型，一般会比普通机型贵三四千元，成本较高。

4.6.3　FDM 3D 打印机操作

一般来说，影响 3D 打印机参数设置的因素主要包括机器、耗材、模型和成型效果四个方面。从机器角度说，不同的 3D 打印机其机械结构和送料机构可能有很大区别，导致其适用打印速度、温度、回抽和运动路径等也有差别。

不同厂家有不同配方的耗材，性质也各不相同，有的需要打印速度慢，有的需要打印温度较高，有的材料需要开热床，有的需要全程开风扇等。在购买耗材时，需要了解材料的特性。

有些模型体积小，每层打印时间很短，需要降低打印速度和温度，有些模型悬垂大，容易卷边撞喷头，需要进行调整。

成型效果方面都是根据产品实际需求来的。有的模型需要强度高，有的模型需要光滑的表面。因此，需要在学习技巧的同时不断总结。

本书中以"Smart Maker"3D 打印机为例进行演示。Smart Maker 3D 打印机根据 Ultimaker 进行改良，发扬了 Ultimaker 的优点，屏幕提示清楚明了，方便操作。Smart Maker 3D 打印机通电就绪后，显示屏显示初始界面，如图 4-35 所示，显示屏旁边有用于操作的旋转按钮，可以对菜单里的选项进行选择和确认。

图 4-35　打印机显示屏状态

1．更换耗材和加载耗材

1）更换耗材。如果上一次打印结束之后打印材料没有退出，而再次打印需要更换耗材，或者更换不同颜色、不同材质的材料，需要在"耗材"选项中选择"更换耗材"，进行确定操作之后，打印机对打印喷头进行预热，达到可以熔化耗材的温度后，机器自动移除耗材，如图 4-36 所示。

将原有耗材从机器后面送丝机的进料口抽出，接着机器提示"插入耗材"，如图 4-37 所示。

这时打开新的材料包装，将料丝一端剪成斜口，料盘放置在料架上，然后将料丝推入进丝机的进料口，在"请从背后送丝机上插入耗材"提示界面单击"确定"，如图 4-38 所示。

机器界面变为"装载耗材中"，打印机自动装载新的材料，如图 4-39 所示。

图 4-36 预热　　图 4-37 更换耗材　图 4-38 插入新的耗材　图 4-39 装载耗材

按照屏幕提示"当喷头出丝时，按下旋钮"，观察喷头，直到喷头出丝时，按下旋钮进行"确定"，如图 4-40 所示。

机器出现"耗材设置"选项，里面会有 PLA、ABS 和 CPE 等材料选项，选择相应的打印材料，也可以对导出的打印材料进行自定义，此外，"耗材设置"里有导出和导入的耗材设置，如图 4-41 和图 4-42 所示。

图 4-40 观察喷头出丝　　图 4-41 耗材设置菜单 1　　图 4-42 耗材设置菜单 2

接着打印机会提示"是否选择耗材类型"，单击"是"进行确定，更换打印材料的工作就完成了。

2）加载耗材。和更换耗材操作相似，加载新的耗材，都要经过预热打印喷头、插入新耗材、载入耗材的过程。用更换耗材的方法可以用不同颜色的材料，分开打印模型的不同结构，之后再组装起来，这样解决了模型颜色单一的问题。

2. 调整加热（打印）平台

打印平台不平整可能会影响成型质量，如果严重，可能会让打印喷头和平台碰撞而产生变形。除了带有自动调平功能的打印机，一般 FDM 3D 打印机调整平台的方法是调节平台下的四个或三个螺钉。

单击初始界面的"设置"选项，接着单击"平台调整"选项，进行打印平台的调整，来保证打印模型的质量。按照打印机屏幕的提示进行操作，单击"继续"即可，如图 4-43 和图 4-44 所示。

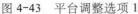

图 4-43　平台调整选项 1　　　　　　　图 4-44　平台调整选项 2

按着屏幕提示，首先移动旋钮使平台上升到和打印喷头距离几毫米处，单击"继续"；接着按屏幕提示，调节左侧的螺母，使平台接触到喷头，平台和喷头的距离按照经验用一张 A4 纸或者名片来进行测试，使 A4 纸能够来回拉动又稍微有些阻力，如图 4-45 所示。

用同样的方法，调节右侧的螺母，使平台接触到喷头，如图 4-46 所示。

为了保证调平的精确性，在平台左侧再次进行以上的操作，同理，在平台右侧进行操作，单击"完成"，整个平台的调平工作完成。

高级设置菜单如图 4-47 所示。

图 4-45　调节左侧螺母　　　图 4-46　调节右侧的螺母　　　图 4-47　高级设置菜单

1）LED 亮度调整。用来调节 LED 灯带在打印中关闭和开启还有亮度等选项。

2）喷头加热。进料前或者更换材料时用来预热打印喷头，旋转调节旋钮就可以更改喷头温度。

3）平台加热。用来控制打印平台的温度，如果打印 ABS 材料，为了防止打印件边缘起翘，平台加热控制在 70～90℃。PLA 材料可以关闭平台加热。

4）喷头归位。让喷头回到起始位置。

5）平台下降和平台上升。用来调节平台高度，使平台下降和上升。

6）装载耗材。和更换耗材时方式一致。

7）移动耗材。在喷头达到预定温度后，旋转调节旋钮，后面的送丝机构就会向前或向后移动耗材，这样的好处是在打印刚开始的时候，确认喷头是否出丝顺利。

8）风扇转速调节。调节风扇的选项，可以让风扇全开，也可以关闭风扇。加快风扇速度可以加速打印喷头降温。

9）回抽设置。设置回抽，或者在切片软件里设置点选回抽选项，这样耗材不会流淌，打印两个点的时候，不会产生拉丝的现象。

10）电动机设置。默认即可。

3．增大模型和底层粘接

为了保证打印效果，打印前需要确保 3D 打印机加热床的平整和清洁。为防止打印模型翘边，底层粘接不牢，打印大型零件时发生位移，除了在建模时设置底座地垫，还可以采取多种方法增加和加热床的粘接效果。

一般情况下会在平台上贴上一层胶带（美纹纸），不仅可以隔热，而且能帮助模型更好地与平台黏结。两条胶带之间可以有细小的缝隙，但是不要重叠。粘贴时借鉴手机贴膜，注意美纹纸粘贴平整，完整覆盖加热床打印区域，如图 4-48 所示。

有的爱好者使用发胶或手喷胶、手工白乳胶等胶水类，来提高打印件在打印平台的黏着力，甚至打印 PLA 材料时可以不需要加热。注意选择此类胶水应多次试验，既保证粘接强度，又保证打印后模型容易取下。也有部分人选择用 Super77 手喷胶，注意在使用手喷胶时，用报纸和纸张把打印机丝杠盖住，防止喷到丝杠光轴上，模型取下时可以用除胶剂去除打印平台上的胶水，手喷胶在五金装饰市场容易找到，如图 4-49 所示。

图 4-48　贴美纹纸

图 4-49　手喷胶

4．正式打印

1）轻轻推入 SD 卡到机器的卡槽。

2）屏幕将显示 SD 储存卡中用户的 gcode 可打印文件，利用旋钮选择 SD 卡中的打印文件，如选择头骨的打印文件 "Tougu.gcode"，单击 "确定"，打印喷头开始加热升温，如图 4-50 所示。

图 4-50　选择打印文件

在此过程中，可以利用旋钮调节"喷头温度""打印速度""平台温度""风扇转速""回抽设置""耗材流量""LED 亮度调节"或者"终止打印"。

3）当打印第一层时，将打印速度放慢至 60%，来确定打印模型第一层是否平整，打印喷头是否出丝顺利，同时，观察料盘上的耗材是否有缠绕卡顿的情况，后面进丝机是否有异常响动。

4）对于不同的模型，采取不同的摆放方法，如道具刀模型的打印，如果竖直方向打印，刀柄以下都要有支撑，而平躺打印，刀平放的一面都要有支撑，如图 4-51 和图 4-52 所示。

图 4-51　竖直打印

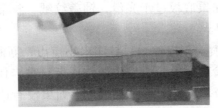

图 4-52　平放打印

5）打印结束后，屏幕显示"冷却中"不要直接关闭机器电源，应先使喷嘴自然冷却。等待屏幕显示喷嘴温度达到 50℃以下才可关闭电源。

6）等待模型表面稍微冷却后，用铲刀轻轻撬动模型四周，或者撬动美纹纸底部，将美纹纸和模型一起取下，再将美纹纸撕下来。如果采取在打印平台上涂胶的方法，可以在模型周围滴点清水，方便模型取下，如图 4-53 所示。

7）如果打印机使用频率不高，在关闭机器前，将打印材料用退料的方式退出，放置在密封袋里密闭防潮保存；在联轴器和丝杠上均匀涂抹润滑油，如图 4-54 所示，将打印机搬到阴凉干燥少灰的地方放置。

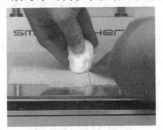

图 4-53　取下模型

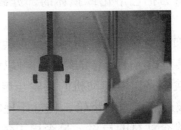

图 4-54　润滑保养机器

4.7　FDM 3D 打印机打印模型过程中的故障排除和 3D 打印机维护升级

1．3D 打印模型过程中故障排除

1）打印不成型，无法粘接底板，选择"终止打印"将打印机停止，来解决发生的问题。也可以在切片软件中改变第一层的挤出量，选择 200%的挤出量会好一些。

① 需手动调平打印机，减小与打印平台的距离：调节打印平台四个螺钉，直到喷头和底板的距离为插入一个名片的高度合适。

② 自动调平的机器：很多机器上面自带调平装置，一般来调节自调平控制螺钉或弹簧片的高度，控制与打印平台的距离大小。

③ 如果底板过于光滑，铺美纹纸、胶带，或者手工白胶等，增大与底板粘接效果。

2）喷头不出丝，只打印出小点点，断断续续。

① 检查材料是否发生缠绕或者料盘卡住，重新缠绕耗材。

② 查看喷头是否达到温度，如果没有达到材料合适的温度，会造成出丝不顺，解决方法是升高打印喷头的温度。

③ 如果听到喷头进丝后发出"咔嗒咔嗒"的声音，把料丝退出，检查下电动机齿轮里面是否有断丝，清理一下再重新进丝。

④ 检查喷头间距是否过小，重新进行平台校准。

⑤ 喷头堵塞——升高打印喷头温度，将喷头加热到高于熔化耗材的温度，利用打印机的"移动耗材功能"，当挤出器开始运转的时候，用手轻轻地把线材挤压到喷头里面。在很多情况下，向下的压力能够促使线材顺利穿透堵塞的部分。如果利用机器的移动耗材功能没有正常出丝，考虑喷头堵塞，再次利用打印机的"移动耗材功能"退料，确认喷头已经加热到一定温度，将线材往外拽，如果线材卡住不动，需要再用点儿力。线材出来后，用剪刀把已熔化或损坏的部分减掉。然后重新进料，看喷头是否能顺利挤出。

⑥ 如果堵塞严重，用钻头或吉他弦疏通或者彻底更换新喷嘴，由于不同的喷头具有由于不一样的结构，可以咨询厂家获得一些使用建议。

⑦ 检查挤出器电动机的齿轮与电动机轴是否跟转，如果齿轮打滑，用刷子清理被碎屑填满的齿轮，将打印耗材头部剪断。

⑧ 检查耗材的质量，是否用了劣质耗材，或耗材保存不当，已经变质。

3）打印中发现模型两部分各自都很好却没有对齐，出现了错层。常见的

原因就是在打印过程中传动带打滑，喷嘴与之前的原点位置相比发生了偏移，如图 4-55 所示。

图 4-55　模型错层

一般是由于料盘或者料轴被卡住造成的——料丝限制了喷嘴的位置，而电动机的转矩很大，从而导致传动带和齿轮之间打滑。因此，在打印之前要仔细检查料的缠绕情况。

还有一种可能就是 3D 打印机本身传动带松动，快速移动时出现传动带打滑。这样我们就需要张紧传动带来解决模型错层的问题。

4）圆形结构成为椭圆，打印圆起始的连接部位会有一些凸起，使打印机零件的圆形部分成为椭圆。因为圆会拆分成多条直线，导致每条直线起起停停，在速度较高的时候可能会造成一些丢步或者抖动。解决方法是打印周长的时候，选择慢一些的速度，如速度为 40mm/s，这样圆的打印质量就会很好。

5）挤出材料正常，而顶层出现孔洞，表面封闭不好。出现这种情况，需要将顶/底层（Top/Bottom）的层数设置得更好，一般 1mm 左右能够得到很好的效果。另外在切片软件中，填充（Infill）的百分比较低也造成影响，因为 Infill 很低（10%以下）的时候，造成模型顶部打印质量下降。

6）打印收尾时模型的顶端有烧结和拉丝现象，在切片设置中把喷头的温度降低 5～10℃，喷头出丝的速度可以调节至 80mm/s，不出丝的速度改为 100mm/s。

7）在打印过程中，打印机显示屏显示加热故障，然后打印机停止工作。这是因为喷头无法加热导致的，可检查下喷头加热线的插头是否松动，如检查后还是无法加热则需更换喷头加热线。

8）机器硬件部分故障分析。

① 通电后电源灯不亮：需要检查电路板和电源是否接触良好。

② 液晶显示屏显示温度跳动：需要检查加热棒、加热电阻的引线，是否接触不良，或更换热敏电阻。

③ 液晶显示屏花屏：不要执行任何操作，让打印机继续打印。打印结束

后，请关机，再开机，就会恢复正常，如果还出现相同现象，静电已经烧毁屏幕，需要更换液晶屏，以后应避免操作时手指带来的静电。

④ 打印模型错位：打印过程中出现模型发生错位也有可能是打印机发生了丢步，可能由以下因素造成的：

打印速度过快，适当减慢 X、Y 电动机速度。

电动机电流过大，导致电动机温度过高；电动机线或开关线信号受到干扰，建议打印几个不同模型，如果还发生同样的问题更换新线。

电流过小也会出现电动机丢步现象。

9）打印机在打印过程中打印中断。

① 检查电源线，使用万用表测量是否出现了接触不良的情况。

② 判断电源是否出现功率或者温度过载的情况，出现此情况可以更换大功率电源。

③ 模型错误也会造成打印中断的现象，更新或者更换切片软件或者重新对模型切片。

10）打印机无法读取 SD 卡中的文件。

① 检查文件的格式，命名方法或者重新切片。

② 检查文件是否存在损坏的情况。

③ SD 卡损坏也会造成无法读取的情况，此时更换 SD 卡。

2．3D 打印机维护升级

1）定期检查润滑油的消耗情况，3D 打印机缺少润滑油会对打印机造成很大程度的磨损，影响打印精度。

2）每次使用打印机之前都需要检查限位开关的位置。查看是否在搬动过程中限位开关位置发生变化或者使用过程中出现了松动。

3）定期检查打印机框架螺钉的紧固情况，查看是否有松动现象。

4）每次使用检查热床板和加热挤出头温度探头的位置，避免温度探头不能正确测量热床或者挤出头温度的。

5）定期检查传动带的松紧情况。

6）定期清理打印挤出头外面附着的打印材料。

7）打印一段时间如果出现打印头经常堵头，可以更换新的打印挤出头。

8）在打印机运动过程中精度明显下降的情况下，可以更换打印机轴运动的轴承。

9）平台维护。用不掉毛的绒布加上外用酒精或者一些丙酮指甲油清洗剂将平台表面擦干净。

Chapter 05 第 5 章　DLP 光固化 3D 打印机操作和模型后处理实例

5.1　DLP 光固化 3D 打印机基础知识

5.1.1　DLP 光固化 3D 打印机的结构

DLP 光固化 3D 打印机的机械结构和 FDM 3D 打印机相比较为简单，按不同的模块区分，共分为以下三个模块：

1）固化模块。固化模块包括固化用的光源和固化的光敏树脂。

2）分离模块。分离模块包括 Z 轴提拉装置，比较复杂的光固化打印机会多一个料槽剥离设置，其作用是使成型平台更容易脱离料槽。

3）控制模块。控制模块包括电路、固件和软件。

5.1.2　光固化 3D 打印机材料——光敏树脂

与光固化打印机的光源配套使用的是光敏树脂。光敏树脂材料尚有许多不同的类别，细分的光敏树脂材料根据配方或者制作方式的不同呈现出不同的性能，同时适合应用于不同的领域。

1）目前用于光固化 3D 打印的树脂材料主要为丙烯酸酯系或环氧树脂系等，使用该类树脂材料打印的成型件存在机械强度差、耐高温性差、易吸湿膨胀及耐化学稳定性不佳等缺点，大多只能在 100℃ 以下环境中使用，因此其应用主要局限在模型、样件和设计验证及艺术产品制作，而难以突破零部件直接制造的瓶颈问题。因此，发展高性能 3D 打印材料，从而满足在汽车、航空航天和电子等综合性能要求较高领域进行实际应用，已成为国内外 3D 打印领域面临的重要挑战和研究重点之一。

如 ECN 与 InnoTech Europe 公司以及 Formatec Ceramics 共同合作，已经开发出了将 DLP 技术用于陶瓷材料的 3D 打印。打印过程是将陶瓷材料与光敏聚合物层混合，并逐层通过光照射固化，然后使用高温将光敏聚合物烤出来，经过烧结形成陶瓷产品。

2）光敏树脂对成型件的精度影响非常大，质量好的树脂和质量稍差的树脂用同一台打印机打出来的成型件会有非常大的差别，这也是光敏树脂价格参差不齐的原因。目前市场上的价格状况是，进口的光敏树脂可达到每公斤一两千元，国产的光敏树脂材料降到每公斤几百元，如图 5-1 所示。

图 5-1　光敏树脂材料

光敏树脂流动性好的，固化速度慢；而光敏树脂流动性差的，固化速度快，使用者可以根据需求来进行选择。另外一个重要的因素是收缩率，光敏树脂的收缩率越小越好。光敏树脂材料长期不使用容易导致硬化，并且该材料具备一定的刺激性，在不使用的状态下需要对其进行封闭保存。

5.1.3　DLP 光固化 3D 打印机的应用

光固化原理的 3D 打印机作为市场上几种主流的 3D 打印技术之一，以其 3D 打印产品高精度和高品质以及较为快速的打印速度，在制造形状特别复杂（镂空结构）和特别精细（工艺品、首饰等）的零部件方面，备受艺术院校、医疗齿科和珠宝首饰等行业的欢迎。

而 DLP 3D 打印机主要被应用于对精度和表面粗糙度要求高但对成本要求相对较低的领域，如珠宝首饰、牙科医疗、文化创意、航空航天和高端制造。

1．DLP 技术应用于珠宝首饰行业

在制造首饰的传统工艺中，首饰工匠参照设计图样，手工雕刻出蜡版，再利用失蜡浇注的方法倒出金属版，利用金属版压制胶膜并批量生产蜡模，最后使用蜡模进行浇注，得到首饰的毛坯。制作高质量的金属版是首饰制作工艺中最为关键的工序，而传统方式雕刻蜡版、制作银版将完全依赖工匠的水平，并且修改设计也相当烦琐。

珠宝首饰行业制造主要集中于我国的广州番禺与深圳水贝地区，蜡模制造技术大多数都是使用喷蜡方式，而通过 DLP 技术可以实现珠宝首饰的快速成型，采用 3D 打印技术替代传统工艺制作蜡模的工序，将完全改变传统单一的现状，使设计及生产变得更为高效便捷。如图 5-2 所示，其中虚线部分即可通过该技术进行替代。

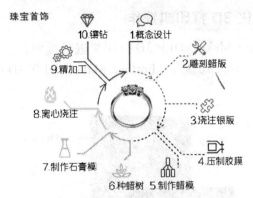

图 5-2　珠宝首饰快速成型

2．DLP 技术应用于医疗齿科

数字牙科是指借助计算机技术和数字设备辅助诊断、设计、治疗和信息追溯。口腔修复体的设计与制作目前在临床上仍以手工为主，设计效率低。数字化的技术不仅解决了手工作业烦琐的程序，更消除了手工精确度及效率低下的瓶颈。

通过三维扫描、CAD/CAM 设计，牙科实验室可以准确、快速、高效地设计牙冠、牙桥、石膏模型和种植导板、矫正器等，将设计的数据通过 3D 打印技术直接制造出树脂模型，实现整个过程的数字化，3D 打印技术的应用，进一步简化了制造环节的工序，大大缩短了口腔修复的周期，如图 5-3 所示。

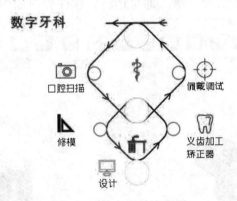

图 5-3　数字牙科流程图

DLP 技术更多的应用可以与其他 3D 打印技术通用，如新产品的初始样板快速成型、精细零件样板，同时随着光敏树脂复合材料的不断丰富，如类 ABS、耐热树脂和陶瓷树脂等新材料的开发，越来越多的应用将会被引入 DLP 3D 打印技术中。

5.2 DLP 光固化 3D 打印机操作

下面对"Further Make"DLP 3D 打印机进行操作，了解 DLP 光固化 3D 打印机的基本操作和打印流程。"Further Make"DLP 3D 打印机的外形和结构如图 5-4 所示。

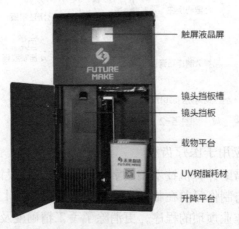

图 5-4 "Further Make"DLP 3D 打印机的外形和结构

5.2.1 光固化 3D 打印机切片软件

Further Make 光固化 3D 打印机的切片软件为免安装绿色软件，解压压缩包后，鼠标左键双击图标"🧊"即可运行。软件界面如图 5-5 所示。

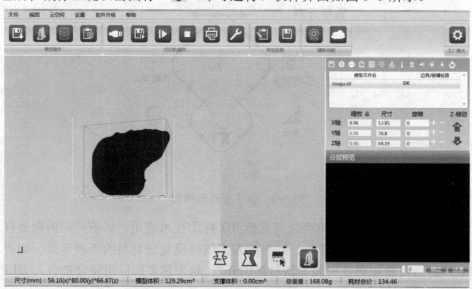

图 5-5 软件界面

1. 打印机分辨率设置

单击"工厂模式"工具栏图标 ⚙ ，核对打印机参数设置与图 5-6 所示参数是否相同，如果不一致，需要调节打印区域的数值，使机器分辨率（px）为 X800 Y600。

图 5-6　设置分辨率

2. 模型加载

本切片软件支持 STL 文件格式的读取和打印，在三维软件中建立的模型导出为 STL 格式保存，或者将其他格式文件通过三维软件转化为 STL 格式。

1）单击"模型操作"工具栏图标 🖼，或者在顶部工具栏文件菜单中单击"添加模型"，选择需要打印的模型，如添加"tougu.stl"文件，找到头骨模型的文件夹选择所需打印的文件导入即可，第三种方法是通过右侧的数据栏上的加号来添加模型，可以达到同样的效果，如图 5-7 所示。

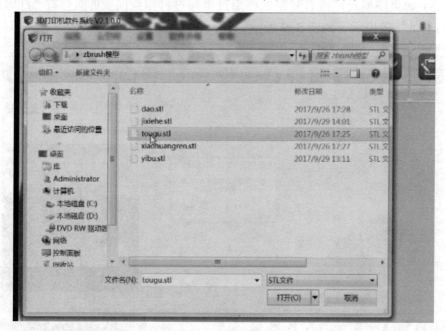

图 5-7　添加模型

2）在设备打印空间内（切片软件打印平台显示的范围）可以加载多个模型，在顶部工具栏文件菜单中单击"复制模型"，在弹出的菜单中输入想要复制的模型数量，可以复制出多个模型，如图 5-8 所示。

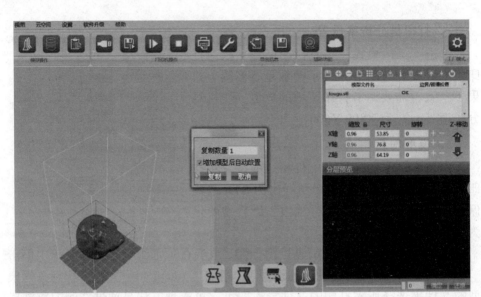

图 5-8　复制模型

3) 如果模型尺寸或者复制的模型过多超过打印空间, 页面会有"打印板空间不足"的提示, 如图 5-9 所示。

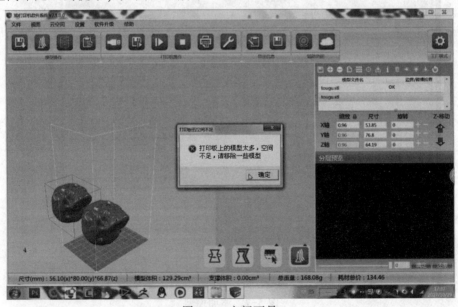

图 5-9　空间不足

单击"确定", 右侧的模型信息栏里的边界/碰撞检查会出现红色 Error, 提示出现错误。经过调整模型尺寸的操作, 将模型缩小之后, 打印空间可以容纳下打印模型, 红色的错误提示消失, 变成绿色的"OK"字样, 如图 5-10 所示。

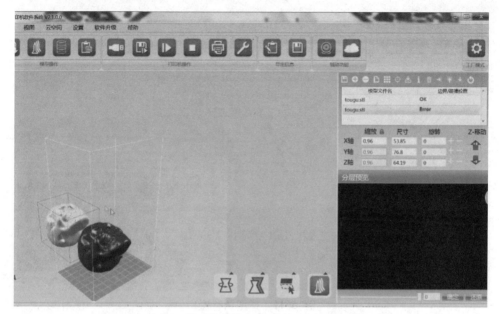

图 5-10　右面模型信息栏里的边界/碰撞检查

3.模型操作

模型形态调整的主要操作有三种，包括模型在切片软件平台上的角度调整和移动，模型大小缩放的尺寸调整以及打印支撑的设置。模型在切片软件中的形态设置直接影响着实际打印中模型的尺寸大小、角度和支撑。

1）模型在切片软件平台上的角度调整和移动。如图 5-11 所示，"Ctrl+鼠标右键"并拖动鼠标可以实现模型在 XY 平面上的移动，单击鼠标左键并拖动鼠标可以变换平台的观察视角；单击鼠标右键并拖动鼠标可以实现平台的空间移动；滚动鼠标滚轮可以实现平台的缩放。

绕三个轴向的旋转：单击旋转按钮旁边的"+"使物体绕相应轴坐标的正方向（右手法则，大拇指指向正方向，则弯曲的四指指向旋转的方向）旋转相应的度数，单击"-"使物体反向旋转相应的度数，或者在输入框里输入需要旋转的角度，在这里输入 60°，头骨的下颌正好放置在打印平台上，模型底部加上支撑，可以保证模型外观打印有最好的效果，如图 5-12 所示。

在输入框旁边的"Z-移动"功能下，单击"+Z"或者"-Z"可以实现模型在 Z 轴上的移动。

2）模型大小缩放的尺寸调整。模型平台的右下角有四个功能选项，第二个选项是调节模型尺寸大小的，和右面的信息栏功能一样。

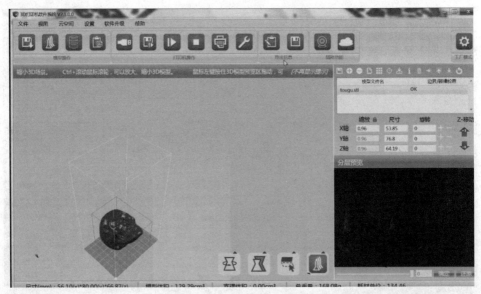

图 5-11　模型调整窗口

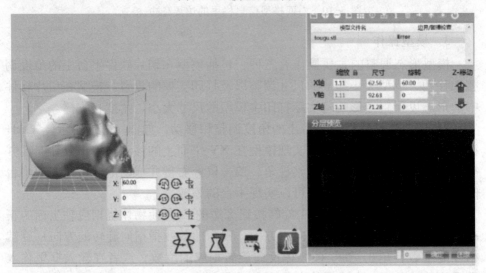

图 5-12　旋转模型

　　用模型缩放功能来解决模型大小超过打印空间的问题，或者打印特定的尺寸。先看等比例缩放，就是相对缩放，即放大或缩小到原来大小的一个百分比，在输入框里输入缩放百分比；尺寸缩放是绝对缩放，即放大或缩小到一个特定的尺寸，需要在输入框里输入需要打印的真实数值。等比例缩放使在三个轴向上缩放相同的比例，如果将锁头一样的按钮打开，使模型在某一个方向进行缩放，其他方向不发生变化，如图 5-13 所示。

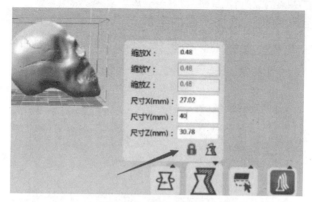

图 5-13　等比例调节

如调节头骨模型尺寸，只要在对话框中或者右边的信息栏中输入缩放系数，如将头骨模型缩小 0.48，模型就缩小了近一半。也可以在下面的尺寸选项 X（mm）、Y（mm）、Z（mm）输入所打印的精确数值，如图 5-14 所示。

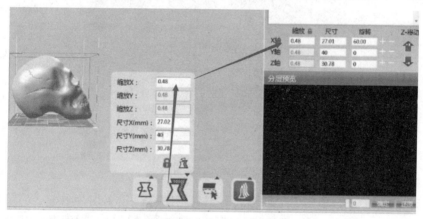

图 5-14　模型大小调节

3）打印支撑的设置。单击"打印机操作"工具栏图标 进行支撑设置。可以根据需要选择合适的"支撑间距"和"排间距"，并修改"支撑形状"。参数设置可参考默认数据，具体支撑参数可根据模型调整设置。"打印底垫"的目的是为了模型和支撑能更好地粘在打印平台上，它会根据模型的形状在打印平台上生成一个矩形垫片（厚度可调）。在所有支撑都已添加完成之后，单击"是否打印底垫"按钮来生成底座，底座的厚度可在支撑底座厚度域调整，如图 5-15 所示。

4）如何添加支撑。支撑起的作用是固定零件，保持零件形状和减小零件变形翘曲。单击"模型操作"工具栏图标 ，从上到下的选项依次是模型"新添单个支撑""移除单个支撑""添加支撑""移除全部支撑"。可以直接单击

"添加支撑"自动为模型添加所需的全部支撑。但自动加的支撑不一定合适，需要手动调整，添加、删除和移动某些支撑，如图 5-16 所示。

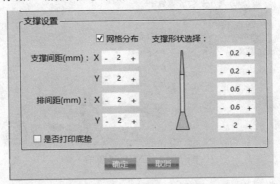

图 5-15　支撑参数设置

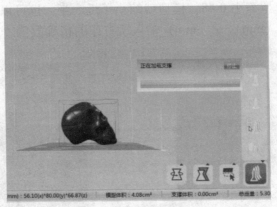

图 5-16　支撑功能

5）切片参数。单击"工厂模式"工具栏图标 ⚙ 设置切片参数，为节省打印材料和减少打印时间，点选"打印空心模型"选项后，软件会自动抽空所需打印模型，3D 打印机会打印出空心的模型。使用者可以修改"模型壁厚"和"底孔直径"，底孔直径默认为最大值，表示为底部镂空，可以根据需要设置实际的底孔直径数值。

打印参数的设定是经验化的，DLP 3D 打印的参数中大多数是一个经验值，而不是理论计算出来的，不同的参数值和参数值不同组合都会导致不同的打印效果。这些值通常是由厂家通过一些试验确定的，并在机器发货时已配置好，用户在使用初期一般不需要改动；随着使用的进行，用户对打印过程有一些经验的时候，能逐渐理解这些参数对打印效果的作用，可以自己试着修改这些参数值，看会有怎样的结果。打印效果受很多因素的影响，这些因素的变化可能都需要调整打印参数，如用户使用了不是工厂随机附送的树脂，那么每层的固化时间很可能要调整，因为不同树脂的固化速度是不同的。这就需要用户在使用中不断摸索，积累经验。如图 5-17 所示为打印机工厂模式界面。

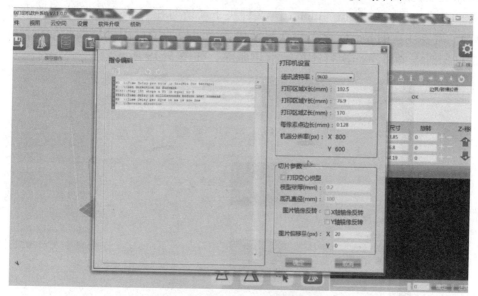

图 5-17　打印机工厂模式界面

6）分层切片。单击"模型操作"工具栏图标，为模型进行分层切片操作。使用者可以在软件右下角拖动进度条查看分层切片信息，如图 5-18 所示。

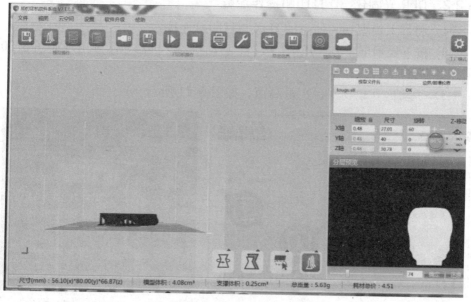

图 5-18　分层切片信息

243

7）导出切片信息。切片后默认保存信息在软件根目录 data/SliceBitmap 文件夹下，如：D:\3D\Uncia\data\SliceBitmap。在 U 盘里建立"picture"文件夹，将图片保存在 U 盘"picture"文件夹下（请勿在 U 盘中修改该文件夹名称）。需要注意的是：U 盘中每次只能放置一组模型的打印分层切片信息，再次打印时需要将上一次打印模型信息删除，如图 5-19 所示。

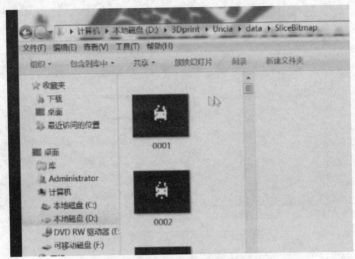

图 5-19　保存切片信息

5.2.2　DLP 光固化 3D 打印机操作流程

1）将导入模型切片信息的 U 盘与打印机连接。

2）按下显示屏下方"开机"按钮，启动机器。机器显示屏出现如图 5-20 所示界面。

3）手动提升载物平台至最高点，如图 5-21 所示。

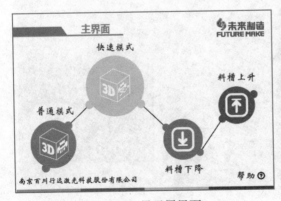

图 5-20　显示屏界面

图 5-21　提高载物平台

4）将光敏树脂从密封的容器中导入料桶或者树脂槽。尽量在少灰、通风且光线没有直射的地方操作，导入料桶后静止一段时间，将液体表面产生的气泡去除，防止对光固化的模型产生影响，如图 5-22 所示。

5）将料桶平稳置于升降平台上，确定光敏树脂溶液表面平整没有倾斜，如图 5-23 所示。

图 5-22　将树脂导入树脂槽

图 5-23　放置料桶

6）对载物拍（载物平台、打印平台）上面的杂质进行清理，防止固化第一层产生问题；单击触控面板上面的"料槽上升"或者"料槽下降"按钮，可以控制升降平台调整光敏树脂槽的位置，如图 5-24 所示。

调整料槽位置直到光敏树脂刚好浸没载物拍，确保液面水平，如图 5-25 所示。

图 5-24　调节料槽上升或下降

图 5-25　调节液面位置

7）单击选择"普通模式"或者"快速模式"，快速打印建议选择壁厚小于 0.2 的非封闭模型使用，打印迅速，省时间，如图 5-26 所示。

继续单击"开始打印"进行模型的打印。图 5-27 所示为选择"普通模式"后屏幕显示的状态。

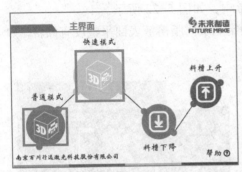
图 5-26 普通模式和快速模式

图 5-27 选择"普通模式"后屏幕显示的状态

在"正在打印"的状态中，使用者可以随时查看模型的打印进度，屏幕上会显示剩余的打印时间。图 5-28 所示为"正在打印"界面。

8）开始进行打印的时候，如果使用者想观察实际打印的状态，可以戴上激光防护镜，防止强光对眼睛的伤害。在打印过程中，第一层的固化尤为重要，确保第一层固化在打印平台上面，如图 5-29 所示。

图 5-28 "正在打印"界面

图 5-29 观察第一层固化状态

9）打印完毕后，等待光敏树脂槽自动下降至最低点，插入镜头挡板，防止光照使光敏树脂进一步固化，如图 5-30 所示。

10）按下显示屏下方按钮关闭屏幕，等待 3min 后光源自动关闭，此时可关闭电源。

11）打印完毕之后，如果长时间不进行打印，将料桶从载物架上拿下来，把溶液用过滤纸过滤后倒回密封容器，密闭避光低温保存，防止光敏树脂在直射的光源下被固化，也防止刺激性的气味对人体造成危害，如图 5-31 所示。

图 5-30　盖好挡板

图 5-31　过滤溶液并保存

5.3　光固化 3D 打印模型后处理

1. 清洗

模型打印完成，料槽自动降到最低点后，将模型晾干 0.5min，让多余的树脂流淌下去。取下模型清洗掉多余的树脂，一种方法是可以直接将模型取下清洗；另一种方法是旋转载物平台固定螺栓，取出载物拍，将载物拍连同打印好的模型直接放入装有清水或者酒精的容器中冲洗，之后再进行浸泡清洗。用医用酒精浸泡模型 20min 左右即可，浸泡清洗如图 5-32 所示。

也可以使用超声波清洗仪进行清洗，适合戒指、首饰等一些需要高质量的模型在进行后期翻模前的清洗，如图 5-33 所示。

图 5-32　浸泡清洗

图 5-33　超声波清洗

2. 支撑的去除

注意取下模型时，在载物拍上用铲刀轻轻撬动模型底部周边，配合镊子取出打印零件，注意保护一些纤细薄弱的结构，并手动去除支撑，去除支撑可以用尖嘴钳剪断支撑，注意用尖嘴钳平的一侧靠近需要剪断的支撑位置。

3．模型修复

在剪断支撑的过程中或者在固化平台上取下打印主体的过程中，如果不小心对模型造成了损坏，又没有足够的时间重新打印，可以采用竹签或小木棍蘸上一点光敏树脂溶液，点在模型的断裂处进行修复，如图 5-34 所示。

然后用紫外灯或者光固化打印笔来进行固化，用这种简单易行的方式可以修补一些小的瑕疵，如图 5-35 所示。

图 5-34　修复模型　　　　　　图 5-35　对修复的地方进行紫外灯加固

4．二次固化处理

清洗完成后，将模型用不掉毛的软布或者是纸巾进行擦洗，也可以放在模型排风箱里晾干。晾干后，再用紫外灯（UV 灯）、固化枪等固化设备再次对模型进行固化，这样，模型的强度得到加强，不容易碎，且表面效果更加理想，如图 5-36 所示。

图 5-36　二次固化

5．模型表面处理

由于去除支撑常常会在零件表面留下痕迹，或者需要去除逐层固化时形

成的台阶纹和毛边，可以利用打磨和喷砂的方法来进行处理。处理光固化 3D
打印模型表面的方法和第 6 章 FDM 3D 打印模型后期处理方法一致，同样包
含了打磨、补土、抛光、喷砂和喷漆（底漆、面漆）等方法，如图 5-37 所示。

图 5-37　对光固化 3D 打印模型打磨

FDM 3D 打印模型后期处理方法

6.1 取下模型和支撑拆除技巧

6.1.1 取下模型

经过长时间的打印，3D 打印模型终于呈现在打印者的面前，在打印前还在想方设法地加强打印模型和平台的粘接，让第一层牢固地粘在平台上。现在进入相反的过程，需要将模型取下又不会对模型造成损伤，下面介绍几种实用的方法：

1）让模型冷却超过 1min，不要立即接触打印模型的最上端，因为模型没有立即冷却，会破坏模型的形状。而且如果打印平台设置温度过高，不小心触摸打印平台会烫伤。

2）如果使用口红胶（胶棒）来粘接工件，打印平台为玻璃板，可以使用吹风机，从玻璃板背面进行加热。利用玻璃与 ABS/PLA 材料线胀系数不同的特性，让黏合面松动，这样就可以用铲子或美工刀轻松铲下工件。对于可以取下来的平台，可以买一个环氧树脂板，涂抹保利龙胶，打印后板子折一下，打印件就可以分离。还有的 3D 打印爱好者采用一种分离板，只要将其放置在打印床上，作品打印完成后就可以实现轻松分离，适用于市场上最为普通的矩形打印机以及当下流行的拥有圆形打印床的 3D 打印机，如图 6-1 所示。

图 6-1　环氧树脂板

3）如果使用三角洲之类的打印机，而且选用 PLA 材料打印，可以不用热床加热，使用美纹纸胶带，可以将美纹纸一起撬下来，再慢慢揭下美纹纸，小心不要伤到模型。

4）带有热床的打印机，如果使用胶水一类的粘接材料，可以将加热平台加热到 45~60℃，让胶水稍有些熔化，用铲子轻轻撬动，可以将模型取下。

5）如果想连续打印模型，打印完成之后，在模型底部喷一点酒精，模型就可以很快冷却了，不用等平台完全降温，可以轻松取下模型，这样就避免了再次预热平台花费太多时间。

　　6）在切片软件的支撑功能设置里，选择工作台的附着方式为"裙边"，在模型周边形成比较大的边界，用这种方式取下模型较为容易。

　　7）有专门提供 3D 打印伴侣碳硅片和碳硅晶的厂家，这种板片不用胶水和美纹纸，同时使模型不翘边，打印后模型可以轻松取下，如图 6-2 所示。

　　找出卡通模型伊布的起脚点，使用美工刀让模型与打印平台分离，如图 6-3 所示。用铲刀沿着模型四周轻轻撬动，在模型上稍微拔一下，将模型取下。

图 6-2　3D 打印伴侣

图 6-3　取下模型

6.1.2　打印后去除支撑技巧

　　一般打印机的支撑采用虚点连接，和模型连接不是十分紧密，打印后可以手工去除，基面是为了增加模型和打印平台的黏结效果而设定的，大面积的基面支撑可以用镊子甚至手动撕下。如果支撑部分和模型连接得过于紧密，可以用壁纸刀或者纸工刀、刻刀等，小心切开并撕下；稀疏的支撑可以用手直接剥离，贴近模型的支撑最难以去除，可以用剪钳刃口另一端贴近模型拆除，尽量保持模型的完整性，多余的一些微小部分，放到下面的打磨部分再进行处理，如图 6-4 所示。

图 6-4　剥离支撑

　　模型打印完成后，往往会发现模型上有飞边和拉丝等问题，用打火机轻轻燎过模型表面，速度要块，停留时间要短，拉丝和飞边很容易被去除掉。

6.2 3D 打印模型修复技巧

有些模型在从 3D 打印机上取下时，由于很多原因往往会造成模型的缺损，如支撑去除时，不小心造成模型主体的损伤，用力过猛会造成模型表面的划伤。这时候便需要对模型进行一些修复，通常的修复手段有补土、拼合粘接和 3D 打印笔修复。

1. 补土

补土就是类似补腻子的方法，主要有以下三种方法：

第一是采用塑胶（牙膏）补土。它的原理是挥发溶剂然后硬化，所以用完后会收缩。最简便的方式是戴手套均匀手涂，也可以粘在毛笔或刮刀、牙签上，抹在零件表面不完美的地方，对于缝隙较深的还要压实补土，防止出现缝隙空心的情况。使用时涂抹适量，过量会造成上面和底面硬化速度不一样，建议干燥 24h 后进行整形修正，干燥后用刀去除补土多余的部分，用锉和砂纸打磨平整，如图 6-5 所示。

图 6-5　对头骨模型补土

水补土只是在塑胶补土中加入大量溶剂稀释（一般模型都是用硝基溶剂），起到统一底色，增强附着力和修补砂纸打磨产生细小伤痕的作用。另外水补土可以用管状的补土自行稀释，也有喷罐水补土，如型号 500，这种修补力强，可掩盖 400 号砂纸的刮痕，比较粗糙；型号 1000，中等修补力，可以掩盖 800 号砂纸的刮痕，比较光滑；型号 1200，修补能力弱，1000 号砂纸打磨后喷上水补土非常光滑。

第二种是 AB 补土。AB 补土的全名是环氧树脂补土，是两种物质反应硬化的原理，不会产生气泡，不会收缩，并且可以雕刻造型，是改造模型常用的补土，也有人因方便用以填充空隙。与 PS 塑胶、金属和木头能粘合的 AB 补土都有，粘合力也有强弱之分，一般可以用田宫的 AB 补土，注意补土完毕后要放在密封的地方，不能让 A 树脂与 B 树脂接触，防止暴露在空气中变质。

第三种常用补土方式是保丽补土，与 AB 补土相似，但硬化剂是液体。保丽补土结合了塑胶补土的高粘合力、AB 补土的硬度与能造型的优点。唯一缺点是会有气泡产生，完全硬化后会变得很硬，难以切削，在半硬化时就要进行塑形的工作。

模型爱好者一般选择田宫和郡仕补土，田宫的补土较为细腻，容易上手，缺点是干燥后收缩大，但还是建议初学者使用；郡仕补土为胶状，干燥后硬度大，且收缩小，较难上手，不太适合初学者使用。

2．拼合粘接

如果将模型的两个部分分别打印，也可以进行拼合粘接工作，由于从每个打印机打印的尺寸不同，往往导致一个模型分开成几个模型来打印，现有的连接方式有胶粘、结构连接和卡扣连接等方法，根据不同模型来选择不同的连接方法。

取下模型时不小心使模型细小的部分发生断裂或者在去除紧密支撑时模型主体破裂，都可以用粘接的方法进行修复，如图 6-6 所示。

图 6-6　粘接伊布模型断裂处

胶水粘接一般所采用的是凝固较慢的胶水，便于调整。也可用市面上常见的 502 快干胶和 AB 胶，其优点是干得快，牢固性高，价格便宜。用牙签取适量胶水，均匀涂抹在需要粘接的模型内部，稍微干燥下用力将两部分挤压在一起，如果胶水溢出，迅速用刀刮除，防止为下一步工作增加负担。建议先将打印模型的两个部分分别打磨上色之后，然后再进行粘接，这种方法比粘接后上色要方便些。

3．3D 打印笔修复

3D 打印笔修复是最近兴起的一种技术，利用 3D 打印笔和 FDM 类型 3D 打印机相同的热熔原理，将打印模型相同的打印材料修补到打印模型上面，如打印模型用的是 PLA，那么打印笔修补用的也必须是 PLA 材料，而且颜色要相同，如图 6-7 所示。

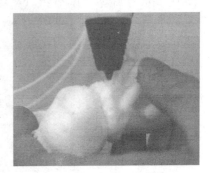

6.3　3D 打印模型表面修整

图 6-7　3D 打印笔修复

日常接触到的任何零件表面都经过了处理，有很多材料天生表面就是光滑的，如玻璃。于是很多人认为"无所不能"的 3D 打印技术，也能做到打印完的材料表面光洁如镜。但事实上 FDM 3D 打印技术的 3D 打印机打印出的模型，表面有一层层的纹路。因此对于这种技术打印出的模型进行上色后期处理，需要以消除模型表面纹路为前提。

6.3.1 打磨抛光

无论是 3D 打印模型，还是传统的手工模型，打磨抛光是非常重要的步骤，3D 打印爱好者在充分体会打磨的过程与打磨效果后，对模型材质有了一定的了解，在上色的环节会方便很多。

1. 锉刀粗打磨

3D 打印模型的粗略打磨可以用锉刀来消除纹路，锉刀可以分为钻石粉锉刀（表面上附有廉价的钻石粉）以及螺纹锉刀。建议购买有各种形状的锉刀套装，锉刀的清理可以用废旧牙刷沿着锉刀纹路刷几下即可，如图 6-8 所示。

图 6-8　锉刀套装

2. 砂纸打磨

在经过锉刀的粗打磨后，就要使用砂纸进行细加工，砂纸打磨是一种廉价且行之有效的方法，优点是价格低廉，可以自己随意处理，但是缺点也比较明显，精度难以掌握。用砂纸打磨消除纹路速度很快。如果零件精度和耐用性有一定要求，一定要记住不要过度打磨。

砂纸分为各种号数（目数），号数越大就越细，前期砂纸打磨应采用150～600 号筛型号的砂纸（砂纸的号筛数越少越粗糙），如图 6-9 所示。

图 6-9　各种型号的砂纸

为了方便使用，可将一大张砂纸裁剪成小张。如同锉刀的打磨一样，用砂纸打磨也要顺着弧度去磨，要按照一个方向打磨，避免毫无目的的画圈。水砂纸沾上一点水来打磨时，粉末不会飞扬，而且磨出的表面会比没沾水打磨的表面平滑些。可用一个能容下部件的盛器，装上一定的水，把部件浸放在水下，同时用砂纸打磨。这样不但打磨效果完美，而且还可以延长砂纸的寿命。在没有水的环境下，砂纸也可直接进行打磨。

一种实用的打磨方法是把砂纸折个边使用，折的大小完全视需要而定。因为折过的水砂纸强度会增大，而且形成一条锐利的打磨棱线，可用来打磨需要精确控制的转角处、接缝等地方，在整个的打磨过程中，会很多次用到这种处理方式。用折出水砂纸的大小来限制打磨范围，如图 6-10 所示。

图 6-10　砂纸折边打磨

3．电动工具打磨抛光

可以使用电动打磨工具对 3D 打印模型进行后处理，电动工具打磨速度快，各种磨头和抛光工具较为齐全，对于处理某些精细结构，电动打磨比较方便。注意使用时掌握打磨节奏和技巧，提前计算打磨的角度和深度，防止打磨速度过快造成不可逆的损伤，如图 6-11 所示。

图 6-11　电动打磨工具

6.3.2　珠光处理

工业上最常用的后处理工艺就是珠光处理（Bead Blasting）。操作人员手持喷嘴朝着抛光对象高速喷射介质小珠，从而达到抛光的效果。一般是经过精细研磨的热塑性颗粒。速度比较快，处理过后产品表面光滑，有均匀的亚光效果，可用于大多数 FDM 材料上。它可用于产品开发到制造的各个阶段，从原型设计到生产都能用。

因为珠光处理一般是在密闭的腔室里进行，所以处理的对象有尺寸限制，而且整个过程需要用手拿着喷嘴，一次只能处理一个，不能规模应用。

6.3.3 化学方法抛光

1．化学溶液（抛光液）法

1）擦拭。用可溶解 PLA 或 ABS 的不同溶剂擦拭打磨。

2）搅拌。把模型放在装有溶剂的器皿里搅拌。

3）浸泡。有人用一种亚克力黏结用的胶水（主要成分为氯仿）进行抛光，将模型放入盛溶剂的杯子或者其他器具浸泡 1～2min 后，模型表面的纹路变得非常光滑。但是注意避光操作和防护，否则会产生毒性气体。

4）抛光机。如图 6-12 所示的一款抛光机，将模型放置在抛光机里面，用化学溶剂将模型浸泡特定的时间，表面会比较光滑，如用丙酮来抛光打印产品，但丙酮易燃，且很不环保。

国外公司 Polymaker 给 3D 打印用户和玩家提供的抛光方案，是 Polysher 抛光机+PolySmooth 专用耗材。PolySmooth 耗材主要的原料是 PVB（聚乙烯醇缩丁醛），易溶于乙醇，也就是酒精。这种材料性能接近常用的打印耗材 PLA，对 3D 打印机兼容性好、普适性强。只要在抛光机中加入酒精，把 3D 打印的 PolySmooth 模型放进去，进行酒精雾化熏蒸，就实现了抛光，如图 6-13 所示。

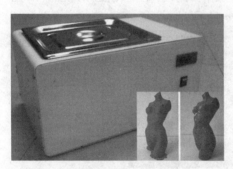

图 6-12　抛光机和抛光的模型　　图 6-13　Polysher 抛光机和 PolySmooth 专用耗材

液体抛光是溶液溶解表面层，平滑纹路，所以打印效果越好抛光效果就越好，层厚越高抛光时间就越久，模型细节太小蘸一下溶剂就可以，具体时间要靠经验把握，先用不要的模型练习下。还有需要注意的是有的材料可能抛光后会有白斑，可能是因为颜色添加剂的影响。抛光之后模型表面会变软，干燥之后才变硬，时间可以是从几个小时到几天。薄壁件使用以后可能会变形，注意谨慎使用。

2．丙酮熏蒸法

除了用丙酮溶剂浸泡外，有打印机的可将打印产品固定在一张铝箔上，用悬挂线吊起来放进盛有丙酮溶液的玻璃容器；将玻璃容器放到打印机加热台上，先将加热台调到 110℃加热容器，使其中的丙酮变成蒸气，容器温度升高后，再将加热台控制在 90℃左右，保持 5～10min，按实际抛光效果掌握时间。

图 6-14　丙酮溶液

利用简便的装置，可将丙酮溶液放入蒸笼的下层，蒸笼的隔层放上 ABS 材料的模型，将蒸笼加热进行土法熏蒸，可以起到模型表面抛光的效果。问题是时间不好掌握，而且丙酮蒸气对人体有刺激性。如图 6-14 所示为丙酮溶液。

采用化学溶剂和丙酮熏蒸的方法有一定危险性，非专业人士不要尝试。

6.4　3D 打印模型上色技巧

现有的 3D 打印技术，除了石膏粉末彩色着色和纸张 3D 打印机能打印全彩的产品模型外，一般的技术还只能打印单色的模型，所以，为了突破打印机的限制，让模型颜色丰富多彩，需要在模型制作完毕和表面打磨抛光后，进行涂装上色的工序。了解模型上色制作过程和上色方式，结合打印材料的属性，进行多次实践，可以将模型变得生动和富有层次。3D 打印模型作为模型制作的一种方式，很多上色和后整理技巧都可以参照军事模型、动漫模型的处理方法。

6.4.1　涂装基础工具

涂装上色的基础工具一般有以下常用种类：笔、洗笔剂、调色皿、颜料、稀释剂、滴管、喷笔、气泵、排风扇、遮盖带、纸巾、棉签、细竹棒和转台等，如图 6-15 所示。

图 6-15　涂装上色工具

1．笔

和画笔一样，在各大美术用品商店均有出售（分为很多号数），建议购买动物毛制成的，笔毛柔软有弹性，水粉画用笔也可以。笔使用完毕后可以用香蕉水（也叫作天那水，油漆店均有售）或洗笔剂清洗。

2．涂料皿

市面上有很多盛放涂料的工具，建议购买郡仕的，也可以用家里盛调料的小碟子代替。

3．颜料

1）模型漆。模型漆是模型涂装的必要部分，3D 打印模型完全可以参考，品牌有很多种，如田宫、郡仕、模王、天使、仙盈和兵人等，价格也不尽相同，如图 6-16 所示。市面上的模型漆可以分为以下几类：

水性漆涂料：又称亚克力漆（ACRYLIC）。因为是水溶性，所以毒性小，可以安心使用。一般模型可使用此系列漆，适合笔涂，也适

图 6-16　模型漆

合喷笔，而笔和喷笔使用后也可以用水清洗，当漆完全干燥后耐水。但是干燥速度比较慢，完全干燥至少要用三天，涂膜较薄弱，均匀性好。在未完全干燥时，不要用手摸，此漆种不太适合气候潮湿的地区使用，因为太过潮湿，不易干燥，因此手摸容易留下痕迹。

珐琅漆（油性漆）：干燥时间是模型涂料中最慢的，均匀性最好，要涂大面积时还是用此类漆比较好，而且珐琅漆色彩呈现度相当不错，用来涂细部相当适合。至于毒性方面，珐琅漆也较小，可以放心使用。但是珐琅漆的溶剂渗透性相当高，所以避免溶剂太多而使溶剂侵入模型的可动部分，会因此而造成模型的脆化、劣化，因此新手使用一定要小心。

硝基漆（油性漆）：使用挥发性高的溶剂，所以干燥快，涂膜厚，不过此种漆的毒性最强，所以尽量用环保颜料替代。

不建议使用油画漆，因为笔涂油画颜料的延展性不够，容易干裂，油画颜料和其稀释剂可能会劣化模型用的材质，导致其断裂或者碎裂。

2）自喷漆。自喷漆又叫作手喷漆，是一种 DIY 的时尚。特点是手摇自喷，方便环保，不含甲醛，速干味道小，会很快消散，对人身体健康无害，节约时间，并可轻松遮盖住打印模型的底色。

3）普通丙烯颜料。此种颜料可用水稀释，漆料固化前便于清洗；而且可

调，颜色饱满、浓重、鲜润，无论怎样调和都不会有"脏""灰"的感觉；附着能力强，不易被清除。但普通丙烯颜料的附着力不如模型漆。

4．溶剂

根据漆质的不同，溶剂的选择也很重要，一般溶剂有田宫、郡仕和模王几个品牌。

5．其他防护用品

口罩：有些油漆是有毒性的，口罩是最基本的防护用品（最好是防毒面具）。

手套：避免手上粘上涂料，污染模型表面。

6.4.2　上色方法——自喷漆喷漆法

上色可采用自喷漆喷漆法、喷笔喷漆法和手工涂绘法等方法。上色时要注意漆料是否能附着在材料上，根据不同的使用方法调整好漆的浓度，有序均匀地进行喷涂。

1．喷底漆和面漆

一般用白色作为底漆，面漆喷在白色底面上，颜色更加纯正。为避免喷漆不匀，将打印的模型固定在转台上，方便旋转。没有转台，也可以用简易的方法，用装水的饮料瓶来替代。图 6-17 所示为自制转台。

图 6-17　自制转台

2．遮罩分色

在已经大面积上色模型表面的某些特定位置喷涂上色，或者不同的颜色分块，这时候就需要采用遮罩的处理方式来进行不同色块的遮挡，比较常用的遮罩工具有专用遮盖带（不粘胶条）、留白液和透明指甲油等。通常在需要遮罩的位置紧密覆盖遮罩，如粘上遮盖带，或者刷上留白液，之后进行喷漆上色，等待模型干燥之后，再将留白液形成的薄膜撕下，如图 6-18所示。

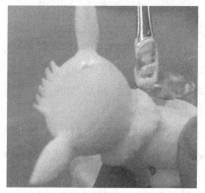

图 6-18　用留白液对伊布模型
进行遮盖

3．喷漆技巧

喷漆之前，将自喷漆瓶内的喷漆摇晃均匀，在报纸上面试喷，然后对准想要喷漆的地方反复喷涂，按钮要从浅入深，有渐进的过程。一般距离物体20cm 左右，速度是 30～60cm/s，速度一定要均匀，慢了会喷漆太多、太浓，模型表面产生留挂。要采取多次覆盖来调节漆的厚薄，使漆更均匀，附着力也好过一遍喷成，喷完底漆，长时间干燥之后，再用同样的方法喷面漆。图6-19 所示为小黄人模型手喷漆上色。

遮盖带的黏性不强，不会破坏已有的漆层，而且可以自由弯曲和切割。千万不要拿一般的胶带代替，对模型会有损害。使用遮盖带粘好特定形状后，喷涂上色后待油漆干燥后慢慢地、小心地将遮盖带撕下，即可达到分色的效果，如图 6-20 所示。

图 6-19　小黄人模型手喷漆上色　　　　图 6-20　小黄人分色之后的效果

6.4.3　上色方法——手工涂绘法

手工涂绘法是指使用笔直接上色。在涂装颜料的过程中，要选用大小适合的笔来进行涂装，可以直接购买常用的水粉笔即可。

1．稀释

模型漆中加入稀释溶剂多少，依据个人经验而定，在调色时，为了颜料更流畅、色彩均匀，可以使用吸管滴入一些同品牌的溶剂在调色皿里进行稀释。普通丙烯颜料更加简便，可以用干净的水来稀释。

稀释时，根据涂料的干燥情况配合不同量稀释液。让笔尖自然充分地吸收颜料，并在调色皿的边缘刮去多余的颜料，调节笔刷上的含漆量，如图 6-21 所示。

2．涂绘方法

手工涂漆时不能胡乱下笔，胡乱涂抹容易产生难看的笔刷痕迹，并且使油漆的厚度

图 6-21　颜料稀释

极不均匀，使整个模型表面看起来斑驳不平。平头笔刷在移动时应朝扁平的一面刷动。下笔时由左至右，保持手的稳定且以均匀的力道移动，笔刷和表面的角度约为 70°左右，轻轻地涂上，动作越轻笔痕会越不明显。尽量保持画笔在湿润的状态进行，含漆量保持最佳湿度，才能有最均匀的笔迹。

3．消除笔痕

涂料干燥时间的长短也是左右涂装效果好坏的因素之一，一般要等第一层还未完全干透的情况下再涂上第二层油漆，这样比较容易消除笔触痕迹。第二层的笔刷方向和第一层呈垂直状态，称为交叉涂法，以"＃"字形来回平涂 2～3 遍，使模型表面笔纹减淡，色彩均匀饱满，如图 6-22 所示。

如果能明显看出笔痕，待其完全干燥后再用一次十字交叉涂法，可减小笔触痕迹。

图 6-22　笔涂上色

如果水平、垂直各涂一次后，仍呈现出颜色不均匀的现象，可以待其完全干燥后，再用细砂纸轻轻打磨掉再涂色。

为了不使模型表面堆积太多、太厚的模型漆，尽量使用最少的油漆达到最佳的效果。涂漆常会遇到这种情形，涂了几层漆在上面，颜色看起来不均匀，这种情况跟涂了几层漆无关，而是因为有些颜色的遮盖力比较弱（如白、黄、红），底下的颜色容易反色，产生了底色的问题。为了避免这种情况，最好是先用喷灌上色或者手工涂上一层浅色底色打底（浅灰色或白色），再涂上主色。

6.4.4　上色方法——喷笔喷漆法

1．喷笔

喷笔是使用压缩空气将模型漆喷出的一种工具。利用喷笔来对打印模型上色可节省大量的时间，涂料也能均匀地涂在模型表面上，还能喷出漂亮的迷彩及旧化效果。一般使用的是双动喷笔，喷笔必须与气泵配用，因为喷笔必须有气压才可将颜料喷出来，如图 6-23 所示。

图 6-23　喷笔和提供压力的气泵

2．试喷

通常要在喷涂模型前先进行试喷，这是操作喷笔时的重要步骤，不论使用的是任何品牌、任何种类（单、双动）的喷笔，均要此步骤来测试喷笔的操作有无问题，油漆的浓度是否符合需求，喷出的效果是否满意等。在正式喷到模型上之前，如发现任何一项有状况，应设法改进和解决，切勿贸然用模型来尝试。可利用报废的模型、硬纸板之类来测试，首先将油漆旋钮完全关紧，接着右手先按下扳机喷出压缩空气，再用左手慢慢转动旋钮，这时会看到油漆随着转动的进行而喷出。油漆喷出后即可检视喷出的效果，视需要再进一步调整，如浓度和模型表面的喷漆距离等。

3．喷涂方法

使用者按下控制扳机的力道大小可决定出气量的强弱，而往后拉动的距离大小可控制油漆所喷出的量。可以先喷出圆点，从点到线再到面，由浅入深，然后练习连续动作喷出线条。使用时要慢慢体会气压、距离、出漆量和按钮之间的关系，技术熟练之后能喷出颇完美的线条，如图 6-24 所示。

图 6-24　喷笔喷涂方法

在遇到复杂的结构喷涂时，要想准确地喷涂，通常的方法是手涂和喷涂相结合来达到完整上色的目的。方法不要一成不变，根据情况采用综合的涂装方法，以便于提高效率。

6.4.5　上色后打磨和清理

1．上色后打磨

上色后，由于漆面和涂料的不同性价比，往往会造成产品漆面上有坑坑洼洼的状态，这时候就需要用精细型号的砂纸（800～2500 号筛）进行细打磨，打磨过程中要控制力度，不可大面积打磨，以防蹭掉漆面。

2．上色后清理

上色之后，由于模型放置在空气当中，会有一些小的颗粒与微尘附着在模型漆面上，但是不会融入漆面中，这时则需要使用软性的布料，如用棉布、眼镜布蘸少量清水，在打印产品上轻柔地反复擦拭，直至表面光滑。

由 3D 打印模型后整理的过程可见，修整、补土、打磨、上色和再打磨，几个工序可以循环往复使用，使模型上色变得完美。

6.5　工业表面处理方法

3D 打印模型表面整理方法除了艺术工作室手工上色和喷漆之外，一些工业上的表面处理方法也是比较实用的，如电镀、浸染和纳米喷镀等其他方式。

1. 电镀

电镀就是利用电解原理在某些物体表面镀上一薄层金属或合金的过程，使材料制件的表面附着一层金属膜的工艺。

我国台湾团队开发的 Orbit 1 桌面电镀机能够把一件普通的 3D 打印对象变成更惹人注目的金属艺术品、首饰，甚至变成电子产品的可导电部件，如图 6-25 所示。电镀机能够使用铜、镍、铅、金四种不同的金属涂层包裹 ABS（或其他 3D 打印线材）物品，可用于珠宝设计、工业设计、快速成型、机械零件、特种电气部件和成型/铸造工具包等。

图 6-25　电镀处理后的模型

2. 浸染

浸染作为3D打印产品的上色工艺之一，在颜色的多样性上，纯色的浸染较为灰暗，且以单色为主。光泽度与纯手工上色、喷漆、电镀和纳米喷镀效果相比最差。制作周期较短，30min 即可完成上色效果。浸染上色，造价成本上高于纯手工和喷漆，最终产品外观效果一般，但材料和色彩局限性较大，只适用于尼龙材料，如图 6-26 所示。

图 6-26　浸染上色

3. 纳米喷镀

纳米喷镀应用化学原理通过直接喷涂的方式使被涂物体表面呈现金、银、铬及各种彩色（红、黄、紫、绿、蓝）等各种镜面高光效果。对 3D 打印产品进行纳米喷镀，适用于各种材料，且不受体积和形状的局限性影响，能同时用多种颜色，色彩过渡极为自然。其色彩的镜面光泽度和电镀效果相当，同等产品的成本低且效果极佳，如图 6-27 所示。

图 6-27　纳米喷镀

4．水转印工艺

水转印是一项融合了复杂的化学及水压原理而形成的一种转印技术。此技术是针对一般传统印刷及热转印、移印、丝印表面涂装所不能克服的复杂造型及死角问题所研发的。水转印工艺适用于任何素材的复杂表面（如塑胶 ABS、PC、PP 尼龙、木材、金属、玻璃、礼品和陶瓷制品等），因此也适合 3D 打印模型的后期整理，但并不适用于需要精确定位或着色的对象，如图 6-28 所示。

图 6-28　水转印工艺

5．其他表面处理工艺

3D 打印模型可以借鉴很多种工业上的表面处理工艺，如变色龙涂料是一种多角度幻变特殊涂料，可以随不同角度而变化出不同颜色，用来提高 3D 打印模型的商业价值；橡胶漆质感如同软性橡胶，富有弹性，手感柔和，具有防污和防溶剂等功能；导电漆导电导磁，对外界电磁波、磁力线都能起到屏蔽的作用，在电气功能上达到以塑料代替金属的目的；夜光漆中的夜光粉是一种能在黑暗中发光的粉末添加剂，它可以与任何一种透明涂层或外涂层混合使用，效果更显著，晚上发光时间长达 8h；珠光颜料广泛应用于化妆品、塑料、印刷油墨及汽车涂料等行业，有天然鱼鳞珠光颜料、氯氧化铋结晶珠光颜料和云母涂覆珠光颜料等。

至此，3D 打印模型的 ZBrush 软件建模、打印和上色流程全部完成，如图 6-29 所示。

图 6-29　上色后的 3D 打印模型

附　　录

附录 A　国内外部分 3D 打印模型下载链接

Makebot   http://www.thingiverse.com/

Myminifacitory   http://www.myminifactory.com/

YouMagine   https://www.youmagine.com/

Pinshape   https://pinshape.com/3d-marketplace

Cults   https://cults3d.com/

Instructables   https://www.instructables.com/

3DShook   http://www.3dshook.com/

3Dagogo   https://www.3dagogo.com/

GrabCAD   https://grabcad.com/

易 3D   http://www.yi3d.com/plugin.php?id=chs_waterf
                       all:waterfall

打印虎   http://www.dayinhu.com/

纳金网   http://www.narkii.com/club/forum-68-1.html

我爱 3D   http://www.woi3d.com/

打印啦   http://www.dayin.la/

光神王市场   http://www.fuiure.com/

晒悦   http://www.tt3d.cn/

微小网   http://www.vx.com/

魔猴   http://www.mohou.com/index-pre_index-curpag
                       e-3.html

3D 打印模型网   http://3dpmodel.cn/forum.php?gid=36

3D 动力网   http://bbs.3ddl.net/forum-2075-1.html

3D 模型库   http://www.3d-ku.com/

3D 打印网   http://bbs.3drrr.com/forum-53-1.html

3D 打印联盟   http://3dp.uggd.com/mold/

3D 扣扣网   http://www.3dkoukou.com/

3D 造   https://www.3dzao.cn/datas/list.html

3D 印	http://sandyin.com/
3Dcity	http://www.3dcity.com
3Done	http://www.3done.cn/
天工社	http://maker8.com/forum-37-1.html
太平洋 3D 打印	http://www.3dtpy.com/download
橡皮泥 3D 打印	http://www.simpneed.com/
蔚图网	http://www.bitmap3d.com/
在我家网	http://www.zaiwojia.cn/
Aau3D 打印平台	http://www.aau3d.com/
云工厂	https://www.yungongchang.com/AutoQuote/ThreeD
印梦园	http://www.yinmengyuan.com/modelbase
万物打印网	http://www.wanwudayin.com/
3D 帝国网	http://www.3dimperial.com/
Enjoying3D	http://www.enjoying3d.com/
most3D	http://www.most3d.cn/models/?sort=new

附录 B　国内部分 3D 打印行业网站/论坛

3D 打印培训网	www.mdnb.cn
3D 打印信息网	http://www.3dpxx.com/
3D 打印网	http://www.3drrr.com/
3D 打印机网	http://www.3done.cn
3D 打印联盟	http://3dp.uggd.com/
3D 打印商情网	http://3d.laserfair.com/
3D 打印产业化网	http://www.china3ttf.com
3D 打印实践论坛	http://www.03dp.com/
3D 打印资源库	http://www.3dzyk.cn/
3D 打印之家	http://www.3ddayinzhijia.com/
3D 印坊	http://www.3dyf.com
3D 社群	http://fans.solidworks.com.cn/portal.php
3D 虎	http://www.3dhoo.com/
中国 3D 打印技术产业联盟	http://www.zhizaoye.net/3D
南极熊 3d 打印网	http://www.nanjixiong.com/
OF WEEK 3D 打印网	http://3dprint.ofweek.com/
三迪时空	http://www.3dfocus.com/

叁迪网	http://www.3drp.cn/
三维网	http://www.3dportal.cn/discuz/portal.php
三达网	http://www.3dpmall.cn/
天工社	http://maker8.com/
嘀嗒印	http://www.didayin.com/
打印虎	http://www.dayinhu.com
开源 3D	http://www.3dprinter-diy.com/
微小网	http://www.vx.com/
魔猴网	http://www.mohou.com/
D 客学院	http://www.dkmall.com/college/
虎嗅网	http://www.huxiu.com/tags/2281.html
众立印	http://www.zhongliyin.cn/
万物打印	http://le.wanwudayin.com/

附录 C　国内部分 3D 打印机厂家

朝阳睿新电子科技开发有限公司	技术交流 Q 群：460611552
南京百川行远激光科技有限公司	http://www.future-make.com
北京汇天威科技有限公司	http://www.hori3d.com/
北京隆源自动成型系统有限公司	http://www.lyafs.com.cn/
北京太尔时代科技有限公司	http://www.tiertime.com/
北京恒尚科技有限公司	http://www.husun.com.cn/
北京清大致汇科技有限公司	http://www.ome3d.com/
沈阳菲德莫尔科技有限公司	http://www.3dmini.net/
沈阳盖恩科技有限公司	http://www.3dgnkj.com/
优克多维（大连）科技有限公司	http://www.um3d.cn/
青岛金石塞岛有限公司	http://www.idream3d.com.cn/
青岛尤尼科技有限公司	http://www.anyprint.com/
深圳创想三维科技有限公司	http://www.cxsw3d.com
深圳森工科技有限公司	http://www.soongon.com/
深圳熔普三维科技有限公司	http://www.rp3d.com.cn/
深圳克洛普斯科技有限公司	http://www.clopx.com/
深圳维示泰克技术有限公司	http://www.weistek.net/
深圳极光尔沃科技有限公司	http://www.zgew3d.com/
深圳优锐科技有限公司	http://www.333d.cn/
深圳光韵达光电科技股份有限公司	http://www.sunshine3dp.com/

深圳纵维立方科技有限公司	http://cn.anycubic3d.com/index.html
深圳引领叁维科技有限公司	http://www.yl3v.com
深圳汇丰创新技术有限公司	http://www.hifun3d.com
深圳撒罗满科技有限公司	http://www.solomonsz.com/
深圳捷泰技术有限公司	http://www.geeetech.cn
深圳爱能特科技有限公司	http://www.anet3d.com/
深圳义特科技有限公司	http://www.et3dp.com/
深圳大试实业有限公司	http://www.dsnovo.com/
深圳三帝时代科技有限公司	http://www.sundystar.com/
深圳亿玛思科技有限公司	http://www.ymax.com.cn/
深圳依迪姆智能科技有限公司	http://www.yidimu.com/
深圳瑟隆科技有限公司	http://salonelectronics.com/
深圳洋明达科技有限公司	http://www.md3dprinter.com/
深圳市天传奇电子科技有限公司	http://www.tianchuanqi.com/
深圳巨影投资发展有限公司	http://www.pmax.cn/
深圳恒建创科技有限公司	http://www.hjc3d.com/
深圳三迪思维科技有限公司	http://www.xcr3d.cn/
广州市网能产品设计有限公司	http://www.zbot.cc/
广东奥基德信机电有限公司	http://www.oggi3d.com/
广州四点零工业设计有限公司	http://www.mixdoer.com/
广州捷和电子科技有限公司	http://www.qubea.com/
广州文博	http://www.winbo-tech.com/cn
广东五维科技有限公司	http://www.chn5d.com
东莞展梦三维科技有限公司	http://www.zm-3d.com/
珠海创智科技有限公司	http://www.makerwit.com/
珠海西通电子有限公司	http://www.ctc4color.com/
珠海三绿实业有限公司	http://www.sunlugw.com/
盈普光电设备有限公司	http://www.trumpsystem.com/
杭州捷诺飞生物科技	http://www.regenovo.com/
宁波华狮智能科技有限公司	http://www.robot4s.com/cn/index.php
杭州喜马拉雅集团科技有限公司	http://www.zj-himalaya.com/
瑞安市启迪科技有限公司	http://www.qd3dprinter.com/
浙江台州 3D 打印中心	http://www.taizhou3d.cn/
杭州杉帝科技有限公司	http://www.miracles3d.com/
金华市易立创三维科技有限公司	http://www.ecubmaker.com/

杭州铭展网络科技有限公司	http://www.magicfirm.com/
宁波杰能光电技术有限公司	http://www.wise3dprintek.com/
浙江闪铸三维科技有限公司	http://www.sz3dp.com/
杭州先临三维科技股份有限公司	http://www.shining3d.cn/
乐清市凯宁电气有限公司（创立德）	http://www.china3dprinter.cn/
金华万豪	http://wanhao3dprinter.com/
义乌筑真电子科技有限公司	http://www.real-maker.com/
米家信息技术有限公司	http://www.megadata3d.com/
盈创建筑科技（上海）有限公司	http://www.yhbm.com/
上海福斐科技发展有限公司	http://www.techforever.com/
上海富奇凡机电科技有限公司	http://www.fochif.com/
上海复志信息技术有限公司	http://www.shfusiontech.com/
上海铸悦电子科技有限公司	http://www.3djoy.cn/
上海悦瑞三维科技股份有限公司	http://www.ureal.cn/
上海联泰科技有限公司	http://www.union-tek.com/
3D 部落(上海)科技股份有限公司	http://www.3dpro.com.cn
智垒电子科技(上海)有限公司	http://www.zl-rp.com.cn/
迈济智能科技（上海）有限公司	http://www.imagine3d.asia/
武汉迪万科技有限公司	http://www.whdiwan.com/
武汉滨湖机电技术产业有限公司	http://www.binhurp.com/
岳阳巅峰电子科技有限责任公司	http://www.df3dp.com/
河南速维电子科技有限公司	http://www.creatbot.com/
河南良益机电科技有限公司	http://www.zzliangyi.com/
郑州乐彩科技股份有限公司	http://www.locor3d.com/
合肥沃工电气自动化有限公司	http://www.hfwego.com/
西安非凡士机器人科技有限公司	http://www.elite-robot.com/
中瑞科技	http://www.zero-tek.com/cn/index.html
磐纹科技	http://www.panowin.com/
南京宝岩自动化有限公司	http://www.by3dp.cn/
迈睿科技	http://www.myriwell.com
四川长虹智能制造技术有限公司	http://www.changhongim.com/
台湾研能科技股份有限公司	http://www.microjet.com.tw/
台湾亚世特有限公司	http://www.extek.com.tw
台湾普立得科技有限公司	http://www.3dprinting.com.tw/

参 考 文 献

[1]　小软熊. 南极熊盘点 3D 打印材料 (聚合物材料) [EB/OL]. (2016-7-7) [2016-7-5]. http://
www.nanjixiong.com/forum.php?mod=viewthread&tid=72141&highlight=%BE%F8%B 6%
D4%B8%C9%BB%F5%20 %2B%203D%B4%F2%D3%A1%B0%D9%C4%EA%B7%A2
%D5%B9%CA%B7.

[2]　朱艳青，史继富，王雷雷，等. 3D 打印技术发展现状[J/OL]. 制造技术与机床，2015 (12)：
50-57. [2018-01-05]. http: //www.docin.com/p-1529578849. html.

[3]　盘点 3D 打印常用 6 大材料[EB/OL]. (2016-9-08) [2016-09-08]. http://www.sohu.com/a/
113931829_374240.

[4]　从虚拟到真实：新的创造性机会[EB/OL]. [2018-01-04]. http://www.zbrushcn.com/
jiaoxueyingyong.html.